Jagmohan Hooda

Função do heme e respiração mitocondrial na progressão do cancro do pulmão

Jagmohan Hooda

Função do heme e respiração mitocondrial na progressão do cancro do pulmão

O aumento da função do heme alimenta a progressão das células do cancro do pulmão

ScienciaScripts

Imprint

Cover image: www.ingimage.com

This book is a translation from the original published under ISBN 978-3-659-88781-9.

Publisher:
Sciencia Scripts
is a trademark of
Dodo Books Indian Ocean Ltd. and OmniScriptum S.R.L publishing group

120 High Road, East Finchley, London, N2 9ED, United Kingdom
Str. Armeneasca 28/1, office 1, Chisinau MD-2012, Republic of Moldova, Europe
Managing Directors: Ieva Konstantinova, Victoria Ursu
info@omniscriptum.com

Printed at: see last page
ISBN: 978-620-8-55784-3

Esta dissertação é dedicada à minha mãe (Sra. Premlata Hooda) e ao meu pai (Sr. Bijender Singh Hooda), que me apoiaram, encorajaram e amaram constantemente ao longo da minha vida.

ÍNDICE

AGRADECIMENTOS

Estou em dívida e muito grato à Dra. Li Zhang por me ter proporcionado todas as facilidades para a investigação e por ter partilhado comigo os seus conhecimentos. A Dra. Li Zhang tem sido uma fonte constante de inspiração para mim e deu-me o seu apoio incondicional e orientações valiosas, o que tornou esta dissertação possível. Gostaria de expressar os meus sinceros agradecimentos aos membros do meu comité, Dr. Stephen Spiro, Dr. Zhenyu Xuan e Dr. Nikki Delk, cujos conselhos e comentários são fundamentais para o documento aqui apresentado. Deixo registados os meus sinceros agradecimentos ao Dr. Santosh D'Mello pelas valiosas sugestões e encorajamento que me deu.

Estou em dívida e muito grato aos meus pais pelo seu amor incondicional, atenção e motivação ao longo da minha vida. Estou grato ao meu avô (Sr. Ishwar Singh Hooda), uma das pessoas mais fortes que conheci, por me ter ensinado o valor do trabalho árduo, da determinação e da coragem. Aproveito esta oportunidade para expressar a minha gratidão ao meu cunhado (Dr. Arivarasan Karunamurthy) e à minha irmã (Sonal Hooda) por me terem sempre apoiado fortemente e por todas as sessões de brainstorming. Agradeço também aos meus outros familiares e amigos por acreditarem em mim e me darem feedback e encorajamento constantes. Estou sinceramente grata à Dra. Rajalakshmi Y, uma das minhas professoras durante a licenciatura, e ao Dr. P.R. Puranik, um dos meus professores durante o mestrado na Índia, por me terem encorajado e apoiado.

Estou grato à Dra. Daniela Cadinu por ter contribuído igualmente em dois trabalhos de investigação. Estou grato ao Dr. Robert M. Henke por me ter orientado durante os meus primeiros anos no laboratório. Estou especialmente grato aos meus amigos pela sua motivação, encorajamento e apreço. Um agradecimento muito especial do fundo do coração ao meu falecido irmão mais novo, Vikas Hooda, pelo seu amor e apoio, que estará sempre na nossa memória.

Aproveito esta oportunidade para exprimir a minha gratidão a todos os membros do corpo docente e ao pessoal do departamento pela sua ajuda e apoio. Deixo também registados os meus sinceros agradecimentos a todos os que, direta ou indiretamente, contribuíram para a realização deste projeto.

julho de 2015

PREFÁCIO

Esta dissertação foi elaborada de acordo com as diretrizes que permitem a inclusão, como parte da dissertação, do texto de um artigo ou artigos originais submetidos para publicação. A dissertação deve ainda estar em conformidade com todos os outros requisitos explicados no "Guia para a Preparação de Teses de Mestrado e Dissertações de Doutoramento na Universidade do Texas em Dallas". Deve incluir um resumo abrangente, uma introdução completa e uma revisão da literatura, e uma conclusão geral final. O material adicional (dados processuais e de conceção, bem como descrições do equipamento) deve ser fornecido com o pormenor suficiente para permitir um juízo claro e preciso sobre a importância e a originalidade da investigação comunicada.

É aceitável que esta dissertação inclua como capítulos cópias autênticas de trabalhos já publicados, desde que estes cumpram os requisitos de tamanho de letra, margem e legibilidade. Nestes casos, é obrigatória a inclusão de textos de ligação que estabeleçam pontes lógicas entre os diferentes manuscritos. Quando o estudante não for o único autor de um manuscrito, deve fazer uma declaração explícita no material introdutório desse manuscrito descrevendo a sua contribuição para o trabalho e reconhecendo a contribuição do(s) outro(s) autor(es). As assinaturas do Comité de Supervisão que precedem todo o restante material da dissertação atestam a exatidão desta declaração.

RESUMO

FUNÇÃO HEME E RESPIRAÇÃO MITOCONDRIAL NA PROGRESSÃO DO CANCRO DO PULMÃO

Jagmohan Hooda, PhD
Universidade do Texas em Dallas

Dr. Li Zhang

O heme, um complexo de ferro ferroso e protoporfirina IX, é uma molécula central para o transporte e utilização do oxigénio em todas as formas vivas. Serve como grupo prostético numa vasta gama de proteínas denominadas hemoproteínas, como a hemoglobina e a mioglobina. O heme está envolvido em vários processos celulares e moleculares, como a transcrição de genes, a proliferação celular, a diferenciação celular e a tradução. Nomeadamente, a deficiência de heme pode causar doenças graves nos seres humanos, como a anemia, as porfirias e a doença de Alzheimer. Um vasto leque de estudos epidemiológicos examinou a associação entre a ingestão de heme na alimentação, principalmente a partir de carne vermelha, e o risco de doenças comuns. Verificou-se que um consumo elevado de heme está associado a um risco acrescido de vários tipos de cancro, incluindo o cancro colorrectal, o cancro do pâncreas e o cancro do pulmão. O cancro do pulmão é a principal causa de mortalidade relacionada com o cancro, tanto em homens como em mulheres, e cerca de 85% dos casos são de cancro do pulmão de células não pequenas (NSCLC). O objetivo desta dissertação é identificar as principais alterações bioenergéticas no cancro do pulmão e compreender o papel do heme na promoção da progressão do cancro do pulmão. O metabolismo alterado do cancro é uma caraterística do estado transformado, e estudos recentes demonstraram que a respiração mitocondrial é amplificada nas células do cancro da mama. Utilizando um par de linhas celulares que representam células normais não malignas e células de cancro do pulmão de células não pequenas (NSCLC) desenvolvidas a partir do mesmo doente, identificámos alterações metabólicas associadas à transformação de células normais em células cancerosas. Verificámos que o consumo de oxigénio e a síntese de heme foram significativamente intensificados nas células cancerosas do pulmão, em comparação com as células normais. Além disso, os níveis das proteínas de captação de heme e das hemoproteínas utilizadoras de oxigénio estavam dramaticamente aumentados nas células cancerosas e nos tumores xenoenxertados. Curiosamente, descobrimos que a inibição da síntese de heme ou da função mitocondrial suprimia preferencialmente a proliferação de células cancerígenas, a formação de colónias e a migração celular. Estes resultados demonstraram que a disponibilidade de heme está significativamente aumentada nas células cancerosas e nos tumores, o que leva a uma produção elevada de hemoproteínas, resultando num consumo intensificado de oxigénio e na produção de energia celular para alimentar a progressão das células cancerosas.

CAPÍTULO 1

FUNÇÃO DO HEME NAS DOENÇAS HUMANAS E NO CANCRO

Autores - Jagmohan Hooda e Li Zhang

Departamento de Biologia Molecular e Celular

Centro de Biologia de Sistemas

A Universidade do Texas em Dallas

800 West Campbell Rd.

Richardson, Texas 75080

Cabeçalho: Função do heme e respiração mitocondrial na progressão do cancro do pulmão

Reimpressão parcial de Nutrients, 2014 (acesso livre)

- 6, 1080-1102; doi:10.3390/nu6031080

INTRODUÇÃO

As proteínas são os blocos de construção da vida. São também a principal fonte de nutrientes da dieta. Quando as proteínas são digeridas, os aminoácidos são libertados para o organismo para fins biossintéticos ou para gerar energia celular. Para além dos aminoácidos, as proteínas também fornecem outros nutrientes, nomeadamente metais. O ferro é o metal mais abundante no corpo humano; um corpo humano adulto necessita de 3-4 gramas de ferro. O ferro alimentar encontra-se em duas formas: ferro heme e ferro não-heme. O ferro heme, que está presente principalmente na carne, nas aves e no peixe, é bem absorvido. O ferro não-heme, que representa a maior parte do ferro nas plantas (Briat et al. 2007), é menos bem absorvido. Mais de 95% do ferro funcional no corpo humano está na forma de heme (Beutler et al. 2006). Por conseguinte, o heme deve ser considerado um nutriente essencial para os seres humanos, embora historicamente o ferro seja a principal preocupação nos estudos sobre nutrição. Em particular, estudos recentes demonstraram que o heme é eficientemente absorvido pelos enterócitos do intestino delgado (Raffin et al. 1974; Han 2011). Nos países ocidentais, o ferro heme derivado da mioglobina e da hemoglobina representa dois terços das reservas totais de ferro de uma pessoa média, embora constitua apenas um terço do ferro ingerido (West e Oates 2008). Evidentemente, o heme é um nutriente dietético essencial de boa-fé. Além disso, o heme tem um impacto direto em muitos processos fisiológicos e de doença nos seres humanos. Nesta revisão, apresentamos os conhecimentos actuais sobre a forma como o heme é absorvido nos seres humanos e as doenças associadas a perturbações da homeostase do heme.

ABSORÇÃO E TRANSPORTE DO HEME

O heme dietético é eficientemente absorvido no intestino delgado

O heme é encontrado em maior abundância na carne sob a forma de hemoglobina e mioglobina. O heme é libertado destas proteínas devido ao baixo pH do estômago e à ação de enzimas proteolíticas no estômago e no intestino delgado (Conrad e Umbreit 2000; West e Oates 2008) (Figura 1.1). O heme concentrado produzido a partir da hidrólise da hemoglobina no estômago é pouco absorvido, porque o heme puro é pouco solúvel no baixo pH gástrico, mas a disponibilidade do heme não é afetada pela secreção gástrica (Conrad e Umbreit 2000; West e Oates 2008). Existem algumas evidências de que a neutralização do conteúdo gástrico pelo suco pancreático também leva à polimerização do heme, o que reduz a sua disponibilidade, a menos que estejam presentes outros produtos de degradação de proteínas para inibir a formação de polímeros. A interação do heme com péptidos produzidos a partir da digestão proteolítica da globina impede a formação de polímeros de heme insolúveis. A solubilidade do heme aumenta significativamente com a presença de proteínas, o que é importante, dado o facto de as dietas ricas em heme terem um elevado teor proteico (Jacobs 1970; Raffin et al. 1974; Conrad e Umbreit 2000; Vaghefi et al. 2002; West e Oates 2008; Fuqua et al. 2012). Por conseguinte, os péptidos e aminoácidos produzidos a partir da hidrólise da carne podem aumentar a absorção de ferro heme e não-heme (Krishnamurthy et al. 2007; Han 2011).

O heme é absorvido pela mucosa como uma metaloporfirina intacta [Fe(II)-protoporfirina-IX] no lúmen pelos enterócitos (Raffin et al. 1974; Oates e West 2006; West e Oates 2008; Villarroel et al. 2011) (Figura 1.1). Isso pode ser facilitado por um sistema de transporte vesicular, presumivelmente ligando-se primeiro à membrana da borda em escova dos enterócitos e, em seguida, sofrendo internalização no citoplasma, aparecendo finalmente dentro de vesículas fechadas (Conrad e Umbreit 2000). O heme internalizado pode ser libertado para o sangue através da ação do exportador de heme FLVCR1 (Figura 1.1). O FLVCR2 é outro transportador putativo de heme, que pode estar envolvido na importação intracelular de heme (Khan e Quigley 2013). O heme no sangue pode ser absorvido diretamente por várias células, incluindo o fígado e as células eritróides, para a produção de hemoproteínas. Embora não tenha sido demonstrado que o heme da hemoglobina da dieta seja reutilizado diretamente em animais ou seres humanos, foi demonstrado que o heme é absorvido diretamente pelas células intestinais e não intestinais e promove respostas celulares diretas (Ebert et al. 1981; Noyer et al. 1998; Zhu et al. 1999; Chernova et al. 2007). Em alternativa, o heme pode ser degradado, libertando o ferro através da ação da heme oxigenase (HO) (Figura 1.1). O ferro entra então no pool de ferro de baixo peso molecular no enterócito, juntamente com o ferro absorvido como ferro inorgânico não heme-ferro (inorgânico) (Raffin et al. 1974; Conrad e Umbreit 2000; Shayeghi et al. 2005; Oates e West 2006). Num estudo que acompanha a absorção de ^{59}Fe-hemoglobina em alças duodenais fechadas, é referido que a degradação do heme é o passo limitador da taxa de absorção do heme, ao contrário da degradação da hemoglobina, da absorção do heme ou da transferência de ferro para a circulação (Wheby e Spyker 1981; West e Oates 2008). Posteriormente, o ferro elementar é libertado para a corrente sanguínea pelos enterócitos através do transportador basolateral ferroportina (Raffin et al. 1974; Conrad e Umbreit 2000; Shayeghi et al. 2005; Oates e West 2006; Krishnamurthy et al. 2007). O ferro absorvido no sangue é entregue à medula óssea para a síntese de hemoglobina, e uma pequena quantidade é armazenada principalmente no fígado. Todo este ferro é transportado por uma única proteína plasmática conhecida como transferrina. A transferrina, também conhecida como siderofilina, tem um peso molecular de cerca de 80 kDa, com dois locais de ligação ao ferro férrico (Jacobs 1970).

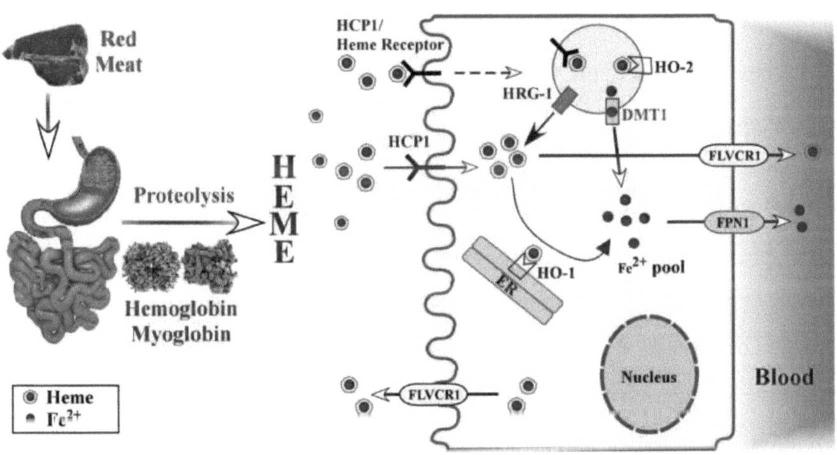

Figura 1.1. Absorção de heme no intestino a partir de proteínas da dieta (adaptado de Hooda et. al., 2014). O pH baixo do estômago liberta as proteínas que contêm heme, a hemoglobina e a mioglobina, da carne da dieta. O heme é libertado pela ação de proteases no estômago e no intestino. A entrada de heme nos enterócitos pode ser facilitada pelo sistema de transporte vesicular quando o heme se liga ao transportador de heme HCP1 ou ao recetor de heme. Além disso, o heme pode ser importado diretamente para os enterócitos pelo HCP1. O heme é transportado para o citoplasma a partir das vesículas, possivelmente por HRG-1, e é depois metabolizado por HO-1 presente no retículo endoplasmático. O ferro é subsequentemente libertado. Em alternativa, o heme no interior das vesículas pode ser metabolizado pela ação da HO-2 presente na membrana das vesículas, e o ferro libertado (Fe2+) é transportado para o citoplasma pelo transportador de metais DMT1 para se juntar

à reserva comum de ferro no citoplasma. O ferro elementar é libertado para a corrente sanguínea pelos enterócitos através da ferroportina presente na membrana basolateral. Uma fração de heme intacto pode ser libertada diretamente para a corrente sanguínea através do transportador de heme FLVCR1. O FLVCR1 exporta heme citoplasmático e pode exportar heme para o lúmen durante o aumento do teor de heme celular para proteger da toxicidade do heme. HCP1, proteína transportadora de heme 1; HRG-1, gene responsivo ao heme-1; FLVCR1, recetor de superfície celular para o vírus da leucemia felina, subgrupo C, recetor celular 1; HO-1/2, heme oxigenase-1/2; DMT1, transportador de metais divalentes 1; FPN1, ferroportina-1; ER, retículo endoplasmático.

Os transportadores de heme HCP1, HRG-1 e FLVCR1 são importantes para manter a homeostase do heme

Na última década, a investigação identificou vários transportadores envolvidos na manutenção da homeostase do heme (Krishnamurthy et al. 2007). Em particular, foi caracterizada a função de três transportadores de heme: transportador de folato acoplado a protões/proteína transportadora de heme 1 (PCFT/HCP1), gene responsivo ao heme 1 (HRG-1) e recetor de superfície celular para o vírus da leucemia felina, subgrupo C, recetor celular 1 (FLVCR1) (Quigley et al. 2004; Shayeghi et al. 2005) (Figura 1.1). O HCP1 foi caracterizado como um simportador de folato/protão e parece desempenhar um papel fundamental na absorção intestinal de heme e folato. O HCP1 é um transportador de heme de baixa afinidade (Shayeghi et al. 2005; West e Oates 2008; Laftah et al. 2009; Yanatori et al. 2010). Tem uma maior afinidade para o folato (Km = 1,67 μM) em comparação com o heme (Km = 125 μM) (Yanatori et al. 2010). O mRNA do HCP1 foi encontrado para ser altamente expresso na mucosa duodenal, que é o principal local de absorção intestinal de heme. No entanto, praticamente nenhuma expressão é encontrada no íleo (Shayeghi et al. 2005). A HCP1 murina, altamente conservada, é uma proteína de 50 kDa, com 9 domínios transmembranares previstos (TM). Os oócitos de Xenopus e as células HeLa que expressam a HCP1 apresentam um aumento de 2 a 3 vezes na captação de heme, que é saturável e dependente da temperatura (Shayeghi et al. 2005). A HCP1 é regulada pós-translacionalmente em ratinhos com deficiência de ferro e transcritivamente sob hipoxia. Em ratinhos normais, o HCP1 reside no citoplasma; no entanto, em ratinhos com deficiência de ferro, o HCP1 deslocaliza-se do citoplasma para a membrana plasmática. Por outro lado, a administração de uma dose elevada de ferro a ratinhos deficientes em ferro redistribuiu a HCP1 da membrana da borda em escova do duodeno para o citoplasma. Os níveis de ARNm de HCP1 são menos reactivos à deficiência de ferro, mas são induzidos sob hipoxia (Shayeghi et al. 2005; Latunde-Dada et al. 2006; Laftah et al. 2009; Yanatori et al. 2010). A HCP1 está localizada na membrana plasmática em células não polarizadas para a captação de heme a partir de fluidos corporais, enquanto que em células polarizadas está localizada na membrana apical para a captação de heme a partir da dieta (Yanatori et al. 2010). A regulação pós-traducional do HCP1 é interessante, porque proporciona uma forma eficiente e rápida de captar o heme da dieta antes que este se perca no peristaltismo intestinal. Também evita a absorção desnecessária de heme intracelularmente quando o conteúdo de ferro celular é normal. Este mecanismo pode evitar a acumulação de excesso de heme e de ferro, ambos tóxicos para as células em excesso (Krishnamurthy et al. 2007). Observa-se que a expressão do ARNm do HCP1 e, por conseguinte, a captação de heme, é regulada pelo heme (Le Blanc et al. 2012). É necessária mais investigação para compreender o mecanismo exato do transporte de heme através da HCP1 (West e Oates 2008; Han 2011). No entanto, os estudos existentes sugerem fortemente que a HCP1 desempenha um papel crucial na absorção de ferro heme no intestino, sendo a sua expressão controlada pelos níveis de ferro e heme no organismo.

Evidências recentes sugerem que a HRG-1 é responsável pelo transporte de heme do endossoma para o citosol (Khan e Quigley 2013). Foi relatado que a HRG-1 está localizada principalmente em organelos relacionados com endossomas e lisossomas e parcialmente (~10%) na membrana plasmática (Rajagopal et al. 2008; O'Callaghan et al. 2010; Yanatori et al. 2010; Khan e Quigley 2013). Foi relatado que é expresso na superfície basolateral, e não apical, de células renais caninas Madin-Darby polarizadas (Yanatori et al. 2010). A HRG-1 é altamente expressa no rim, cérebro, coração e intestino delgado (Rajagopal et al. 2008; Yanatori et al. 2010). A expressão do ARNm do HRG-1 depende do tecido, com alguns estudos a indicarem uma relação direta entre a expressão do HRG-1 e as concentrações de heme. O fator de transcrição Bach1 reprime os genes de resposta anti-oxidante, incluindo os genes HRG-1 e heme oxigenase. Quando as concentrações intracelulares de heme aumentam, o heme liga-se ao Bachl através de HRMs (motivos reguladores ou responsivos do heme) e a repressão mediada pelo Bachl é libertada. O Bachl dimeriza-se então com a proteína activadora Maf para estimular a expressão do HRG-1, da heme oxigenase e de outros genes reprimidos pelo Bachl (Ogawa et al. 2001; Warnatz et al. 2011; Zhang 2011b; Khan e Quigley 2013). Um estudo recente demonstrou que o HRG-1 é o transportador fagolisossómico de heme para a reciclagem de heme-ferro em microfagos (White et al. 2013). Medeia o transporte de heme do fagolisossoma durante a eritrofagocitose e pode desempenhar um papel semelhante no intestino.

O FLVCR1, um membro da superfamília de proteínas transportadoras facilitadoras principais, foi identificado como o recetor de superfície celular do vírus da leucemia felina, subgrupo C. O FLVCR1 é altamente expresso em tecidos que transportam heme (ou seja, células intestinais ou hepáticas) ou sintetizam níveis elevados de heme (células eritróides). O FLVCR1 exporta heme citoplasmático . A exportação de heme pelo FLVCR1 é dependente do tempo e da temperatura; a interferência na função do FLVCR1 bloqueia a exportação de heme e aumenta o conteúdo de heme celular (Quigley et al. 2004; Krishnamurthy et al. 2007). A expressão de FLVCR1 é induzida durante o início da diferenciação eritroide. Funciona como um exportador de heme para proteger as células da acumulação excessiva de heme durante a fase CFU-E da eritropoiese. Mesmo em condições de deficiência de heme, o FLVCR1 não inverte a sua função para aumentar a captação de heme.

BIOSSÍNTESE E DEGRADAÇÃO DO HEME

A biossíntese do heme envolve a ação de oito enzimas no ser humano

Nos seres humanos, a biossíntese do heme ocorre em oito etapas, envolvendo as enzimas localizadas na mitocôndria e no citosol (Zhang e Sessoms 2011). Dois conjuntos de enzimas são dedicados à síntese de heme em humanos, as de manutenção doméstica e as específicas dos eritróides. Em todas as células, exceto nas células eritróides, as enzimas de manutenção doméstica estão envolvidas na síntese de heme. As enzimas específicas dos eritróides estão envolvidas na síntese de heme apenas nas células eritróides, que são os precursores dos glóbulos vermelhos. O primeiro e os últimos três passos da síntese de heme nas células humanas ocorrem nas mitocôndrias e os restantes quatro passos ocorrem no citosol (Zhang e Sessoms 2011). A primeira etapa da via de biossíntese do heme é a condensação da glicina e do succinil Co-A, para formar o ácido 8-aminolevulínico (ALA) na matriz mitocondrial (Figura 1.2). A síntese do ALA é a etapa limitante da biossíntese do heme e é catalisada pela enzima ALA sintasc (ALAS). A ALAS tcm duas isoformas, ALAS1 e ALAS2. A ALAS1 é a enzima de manutenção, enquanto a ALAS2 é específica dos eritróides. O gene que codifica a ALAS1 está localizado no cromossoma 3 e é expresso de forma ubíqua praticamente em todas as células. A ALAS1 desempenha um papel importante na biossíntese do heme em células não eritróides. O gene codificador ALAS2, específico dos eritróides, está localizado no cromossoma X e é expresso apenas no fígado fetal e na medula óssea adulta (Chiabrando et al., Zhang e Sessoms 2011). A enzima ALAS2 é importante para a maturação terminal dos glóbulos vermelhos e a expressão de ALAS2 aumenta durante a fase tardia da diferenciação eritroide. A expressão de ALAS1 e ALAS2 está sob a regulação de diferentes conjuntos de promotores e proteínas reguladoras (Zhang e Sessoms 2011). Depois de o ALA ser sintetizado, é exportado para o citosol, onde duas moléculas de ALA são condensadas para formar porfobilinogénio (PBG). Esta reação é catalisada pela ALA desidratase (ALAD). O PBG é ainda catalisado pela ação das três enzimas seguintes no citosol para formar coproporfirinogénio III (CPgenlll), que é depois exportado para a mitocôndria e convertido em protoporfirinogénio IX pela enzima coproporfirinogénio III oxidase (CPO). A sétima enzima da biossíntese do heme humano, a protoporfirinogénio oxidase (PPO), oxida o protoporfirinogénio IX em protoporfirina IX (PPIX). Na última etapa da biossíntese do heme, um ião ferroso (Fe^{2+}) é incorporado no centro da protoporfirina IX pela enzima ferroquelatase (FECH) e a molécula de heme é formada. Em particular, as duas enzimas da biossíntese do heme, CPO e PPO, requerem oxigénio como substrato (Figura 1.2). Até certo ponto, a biossíntese do heme pode ser controlada pelos níveis de oxigénio. De facto, na levedura, os níveis de heme são fortemente rcgulados pclos nívcis dc oxigénio (Zhang c

Sessoms 2011). Os produtos intermédios da biossíntese do heme são relativamente reactivos e podem ser citotóxicos. Por conseguinte, têm de ser rapidamente entregues à enzima seguinte da via para evitar a acumulação de intermediários livres. Não se compreende completamente como é que este processo é conseguido. No entanto, existem dados que apoiam a existência de complexos multienzimáticos transitórios para as enzimas associadas à membrana terminal, mas não existem dados experimentais suficientes para apoiar o mesmo para as enzimas anteriores na biossíntese do heme (Hamza e Dailey 2012).

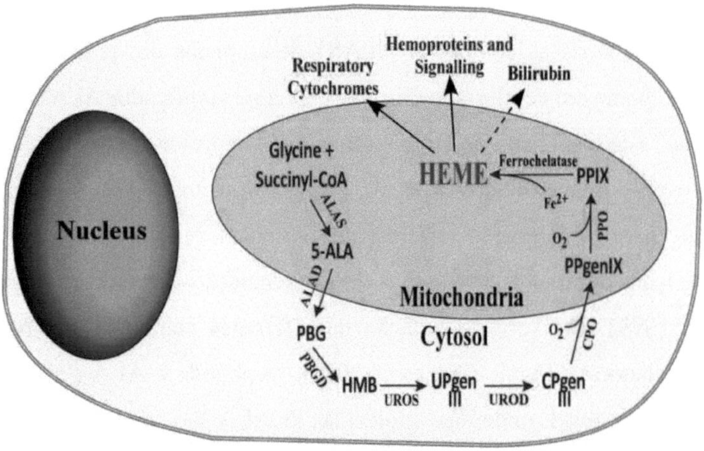

Figura 1.2. A via de biossíntese do heme em humanos. ALAS, ácido 5-aminolevulínico sintase; 5-ALA, ácido 5-aminolevulínico; ALAD, ALA desidratase; PBG, porfobilinogénio; HMBS, hidroximetilbilano sintase; HMB, hidroximetilbilano; UROS, uroporfirinogénio III sintase; UPgenIII, uroporfirinogénio III; UROD, uroporfirinogénio descarboxilase; CPgenIII, coproporfirinogénio III; CPO, coproporfirinogénio III oxidase; PPgenIX, protoporfirinogénio IX; PPO, protoporfirinogénio IX oxidase; PPIX, protoporfirina IX.

O heme é degradado e o ferro é reciclado pela ação da heme oxigenase (HO) nos mamíferos

A HO está localizada no retículo endoplasmático (RE) e requer a NADPH-citocromo P-450 redutase para a sua transformação catalítica (Tenhunen et al. 1969; Schacter et al. 1972; Yoshida et al. 1980; Yanatori et al. 2010). É uma enzima limitadora da taxa no catabolismo do heme e desempenha um papel fundamental na regulação dos níveis intracelulares de heme (Schipper 2011; Liao et al. 2013). Até à data, foram identificadas três isoformas de HO: HO-1, HO-2 e HO-3. A HO-1 é uma proteína de 32 kDa, que pode ser induzida por heme e metais pesados, hiperóxia, hipoxia, luz UV, peróxido de hidrogénio, lipopolissacarídeo, hipertermia ou endotoxina (Schipper 2011;

Liao et al. 2013). A HO-1 é regulada por transcrição, enquanto a proteína HO-2 de 36 kDa é sintetizada constitutivamente (Takeda et al. 2000). A HO-3 é derivada de um pseudogene processado (Takeda et al. 2000; Yanatori et al. 2010; Mendiburo et al. 2011; Liao et al. 2013). A HO-1 é expressa em quantidades relativamente baixas em todos os tecidos, enquanto a HO-2 é constitutiva e expressa principalmente no cérebro e nos testículos. A HO-1 é expressa constitutivamente na mucosa do cólon, do estômago e do intestino (Liao et al. 2013). Yanatori et al. referiram que as alterações nas concentrações de heme não afectam a localização da HO-1 nas células HEp-2 (Yanatori et al. 2010). A expressão de HO é mais elevada no duodeno, onde a absorção de heme é mais elevada, bem como o local de maior expressão de HCP1. A atividade da HO aumenta durante a deficiência de ferro (West e Oates 2008). Assim, a HO desempenha um papel importante na manutenção da homeostase do heme e do ferro.

Para além do ferro, a degradação do heme pela HO resulta na produção de monóxido de carbono (CO) e biliverdina IX-α (BV) (Liao et al. 2013; Origassa e Camara 2013). O CO actua como um regulador fisiológico do GMPc e pode funcionar como um neuromodulador (Zhang e Sessoms 2011). A biliverdina solúvel em água é libertada como resultado da degradação do heme e é posteriormente reduzida ao pigmento biliar laranja, bilirrubina IX-α (BR), pela biliverdina redutase (BVR). A bilirrubina é então libertada no trato gastrointestinal (GI) (Krishnamurthy et al. 2007; Nobles et al. 2013, Origassa e Camara 2013). A bilirrubina é um composto lipofílico e insolúvel em água, que é responsável pela cor amarela associada a nódoas negras, urina, cor castanha das fezes e descoloração amarela em doentes com iterícia (Zhang e Sessoms 2011). A bilirrubina elimina as ERO e é considerada um potente antioxidante e antinitrosante (Naito 2008; Liao et al. 2013). Verifica-se que níveis séricos basais elevados de bilirrubina estão associados a uma menor incidência de danos na retina em recém-nascidos, a um risco reduzido de doença cardíaca isquémica e a taxas reduzidas de mortalidade relacionada com o cancro (Naito 2008; Nobles et al. 2013). A bilirrubina tem propriedades antioxidantes, mas a bilirrubina não conjugada torna-se neurotóxica se produzida em excesso, como na anemia hemolítica ou na sépsis. A bilirrubina não conjugada pode resultar na rutura da membrana celular, na redução do potencial mitocondrial e na ativação da cascata apoptótica (Barone et al. 2013). Assim, a atividade da HO é sensível a muitos estímulos, para além dos relacionados com o ferro e o heme.

UM CONSUMO ELEVADO DE HEME ESTÁ ASSOCIADO A UM RISCO ACRESCIDO DE CANCRO

As diferenças alimentares no mundo contribuem provavelmente para as variações globais nos casos de cancro (Cross et al. 2007). A carne é uma importante fonte de proteínas e fornece aminoácidos essenciais. É uma das maiores fontes dietéticas de heme (Bastide et al. 2011; Cross et al. 2011). Estudos epidemiológicos e experimentais sugeriram que o elevado teor de heme na carne vermelha está associado a várias doenças, incluindo doenças cardíacas, diabetes e cancro (Cross et al. 2011). A carne vermelha (vaca, borrego, carneiro e porco) tem um teor de heme 10 vezes mais elevado do que a carne branca (frango) (Schwartz e Ellefson 1985). Estudos demonstraram que um risco acrescido de vários tipos de cancro está associado a dietas ricas em carne vermelha. Pelo contrário, o consumo de quantidades substanciais de vegetais verdes está associado a uma diminuição do risco de cancro do cólon, provavelmente porque os vegetais contêm baixos níveis de ferro heme (de Vogel et al. 2005; Bastide et al. 2011; N et al. 2012). Em seguida, apresentamos uma panorâmica dos dados epidemiológicos recentes que mostram a associação do aumento do risco de cancro com uma ingestão elevada de ferro heme.

A ingestão elevada de heme na dieta aumenta o risco de cancro do cólon

Vários estudos demonstraram uma associação positiva entre a ingestão elevada de carne vermelha e o cancro colorrectal (CCR). No entanto, a associação entre a ingestão de carne vermelha e outros tipos de cancro, como o gastrointestinal, o cancro do pulmão, o pancreático, o da mama e o esofágico, está pouco estudada e é menos consistente (Cross et al. 2007; Cross et al. 2011; Tasevska et al. 2011). A Tabela 1.1 apresenta um resumo de estudos epidemiológicos recentes que investigam a associação entre a ingestão de ferro heme e uma série de doenças, incluindo o cancro. O cancro colorrectal é a terceira principal causa de morte em todo o mundo e é responsável por mais de 1 milhão de casos e 600 000 mortes por ano (Bastide et al. 2011; Qiao e Feng 2013). O CCR está mais frequentemente associado a preferências alimentares ricas em carne vermelha, o que sugere que o risco de CCR pode ser reduzido através do controlo da ingestão alimentar (Bingham et al. 2002; Cross et al. 2007).

Uma meta-análise realizada em 2006 por Larsson e colaboradores mostrou um risco relativo global elevado (RR) de 1,28 de cancro colorrectal (intervalo de confiança (IC) de 95% = 1,15-1,42) para a carne vermelha na categoria de ingestão mais elevada versus a mais baixa. Estimaram o RR de 1,28 (95% CI= 1,18-1,39) para um aumento de 120 g/dia de carne vermelha (Larsson e Wolk 2006). Outro estudo sugeriu um aumento do risco de cancro do cólon em homens com uma dieta rica em heme e uma ingestão reduzida de clorofila (Balder et al. 2006). Em 2011, uma meta-análise de estudos de coorte prospectivos sobre o cancro do cólon indicou a ingestão de heme em 566 607 indivíduos e 4 734 casos de cancro do cólon (Bastide et al. 2011). O estudo comparou o RR de indivíduos com a categoria mais elevada de ingestão de heme com os da categoria mais baixa e determinou um RR de cancro do cólon de 1,18 (95% CI = 1,06-1,32). Na sua análise de estudos experimentais em ratos com cancro do cólon induzido quimicamente, mostraram que a hemoglobina dietética e a carne vermelha promovem uma lesão cancerígena putativa, um foco críptico aberrante (Bastide et al. 2011). Outro estudo de meta-análise mostrou uma associação significativa entre a ingestão elevada de carne vermelha e processada e o aumento do risco de cancro colorrectal, do cólon e do reto (Chan et al. 2011). Neste estudo, o RR global para o cancro colorrectal para o maior versus o menor consumo de carne vermelha fresca por cada 100g/dia de aumento é de 1,17 (95% CI = 1,05-1,31). O estudo mostrou resultados semelhantes para o cancro do cólon, mas não foi encontrada uma associação significativa para o cancro do reto (Chan et al. 2011).

Em 2013, uma meta-análise sugeriu ainda uma associação de resposta à dose positiva entre a ingestão de heme e o risco de cancro colorrectal (Qiao e Feng 2013). Na análise de oito estudos, os autores encontraram um risco 14% maior de CCR em indivíduos com alta ingestão de heme, em comparação com os indivíduos com menor ingestão de heme (Qiao e Feng 2013). O RR global observado para o CCR no seu estudo foi de

1,14 (IC 95% = 1,04-1,24) para a ingestão de heme (Qiao e Feng 2013). O perfil de expressão genética da mucosa do cólon em ratos mostrou que o heme está envolvido na regulação negativa dos inibidores da proliferação, do fator inibitório Wnt 1, do Indian Hedgehog, da proteína morfogenética óssea 2 e da interleucina-15. A expressão do ARNm da anfiregulina, da epiregulina e da ciclo-oxigenase-2 é aumentada pelo heme nas células de superfície em comparação com as células da cripta. Estes resultados sugerem que o heme inibe a sinalização da superfície para a cripta dos inibidores de feedback da proliferação e induz a hiperproliferação e a hiperplasia do cólon, o que aumenta o risco de cancro do cólon (N et al. 2012).

Foram sugeridos vários mecanismos potenciais para explicar a associação entre o consumo elevado de carne vermelha e o risco de cancro colorrectal. O heme é mais biodisponível e facilmente absorvido em comparação com o não-heme. No entanto, os efeitos prejudiciais estão associados especificamente ao heme, o que inclui a citotoxicidade e o aumento da formação de compostos N-nitroso endógenos (NOC), que podem aumentar a taxa global de mutação no ADN do tecido do cólon (Lunn et al. 2007; Cross et al. 2012; Gilsing et al. 2013). O heme presente na carne vermelha pode catalisar a produção de NOCs endógenos no cólon e, assim, catalisar a formação de aldeídos citotóxicos e genotóxicos por lipoperoxidação (Bingham et al. 2002; Cross et al. 2007; Lunn et al. 2007; Bastide et al. 2011). Foi demonstrado que, em condições anaeróbicas, as hemoproteínas, a hemoglobina e a mioglobina da carne podem reagir com o óxido nítrico para formar agentes nitrosantes. Além disso, os hemes são conhecidos por serem agentes nitrosantes e podem ser facilmente nitrosados em determinadas condições, o que é facilitado pelo ambiente anaeróbico e redutor do intestino delgado, mantendo o heme no seu estado ferroso (Lunn et al. 2007). O nitrosil heme e os nitrosotióis contribuem significativamente para a produção endógena de NOC. As aminas e amidas produzidas por descarboxilação bacteriana podem ser N-nitrosadas na presença destes agentes nitrosantes para produzir NOCs. A maioria dos NOC investigados revelou-se cancerígena (Bingham et al. 2002; Kuhnle e Bingham 2007; Lunn et al. 2007).

O risco de cancro gastrointestinal e pancreático está associado a uma ingestão elevada de heme

Com a disponibilidade de grandes quantidades de dados epidemiológicos sobre o cancro colorrectal, a relação positiva entre o cancro colorrectal e a ingestão elevada de carne vermelha (elevado teor de heme) é convincente; no entanto, existem poucos dados disponíveis sobre outras doenças malignas gastrointestinais. Um estudo de 2011 mostrou uma associação positiva entre o consumo de carne vermelha e o carcinoma de células escamosas do esófago (Cross et al. 2011). Observaram um rácio de risco (HR) de 1,47 (95% CI = 0,99-2,20, *P* para tendência = 0,063) para o quintil mais elevado versus o quintil mais baixo de ingestão de heme, sugerindo uma associação positiva entre o adenocarcinoma do esófago e a ingestão de heme (Cross et al. 2011). Jakszyn e colaboradores observaram uma associação estatisticamente significativa entre a ingestão de heme e o cancro gástrico (CG) com HR de 1,13 (95% CI = 1,01-1,26 para uma duplicação da ingestão), que foi ajustada por idade, IMC, sexo, tabagismo, nível de educação e ingestão de energia (Jakszyn et al. 2012). O seu estudo incluiu 481.419 indivíduos e 444 casos de CG (Jakszyn et al. 2012). Ward e colaboradores também sugeriram uma associação positiva entre o consumo de heme proveniente de carne vermelha e o aumento do risco de cancro do esófago e do estômago (Ward et al. 2012).

O cancro do pâncreas é um dos cancros mais mortais. Por isso, estudos anteriores centraram-se na associação entre o risco de cancro do pâncreas e a dieta. Uma meta-análise realizada em 2012 concluiu que existe um risco acrescido de cancro do pâncreas nos homens, positivamente associado ao consumo de carne vermelha (Larsson e Wolk 2012). Nesse estudo, o RR para o risco de cancro do pâncreas nos homens é de 1,29 (IC 95% = 1,081,53), sugerindo uma associação significativa entre o consumo de carne vermelha e o risco de cancro do pâncreas. No entanto, os autores não observaram uma associação significativa nas mulheres (RR = 0,93, 95% CI = 0,74-1,16) (Larsson e Wolk 2012).

A ingestão elevada de heme aumenta o risco de cancro do endométrio nas mulheres

O cancro do endométrio é responsável por 10-20 casos por 10^5 pessoas por ano nos países ocidentais (Matias-Guiu e Prat 2013). Foi sugerida uma associação entre a ingestão de heme proveniente da carne vermelha e o risco de cancro do endométrio nas mulheres, mas os estudos foram muito limitados. Kabat e colaboradores (2008) utilizaram dados de um grande estudo de coorte de mulheres canadianas e avaliaram o risco de cancro do endométrio associado à ingestão de heme na dieta. Os autores não encontraram qualquer associação entre a ingestão de heme e o risco de cancro do endométrio (Kabat et al. 2008). No entanto, um estudo de controlo de casos realizado por Kallianpur e colaboradores (2010) observou um aumento do risco de cancro do endométrio de ~2 vezes com uma maior ingestão de heme, predominantemente após a menopausa e em mulheres com IMC$\geq$ 25 kg/m^2 (Kallianpur et al. 2010). Outro estudo recente de Genkinger e colaboradores (2012) também sugeriu uma associação moderadamente positiva entre o risco de cancro do endométrio e a ingestão de heme. A comparação entre o quartil mais alto e o quartil mais baixo no seu estudo mostrou um risco 20-30% mais elevado associado a consumos mais elevados de heme, com um RR de 1,24 (95% CI = 1,01, 1,53 para $\geq$ 1,63 em comparação com < 0,69 mg/d) (Genkinger et al. 2012). Foram propostos alguns mecanismos para explicar como a ingestão de heme pode levar ao aparecimento de cancro do endométrio: 1) O heme pode levar a uma maior carga de per-oxidantes e levar a um maior stress oxidativo e danos no ADN; 2) A ingestão de heme também está associada a um maior risco de obesidade, diabetes e marcadores de obesidade e diabetes, que são suspeitos de serem factores associados ao risco de cancro do endométrio (Weinberg 1996; Friberg et al. 2007; Genkinger et al. 2012; Hooda et al. 2013).

Quadro 1.1. Resumo dos estudos epidemiológicos que investigam a associação entre a ingestão alimentar de ferro heme e/ou carne vermelha e o cancro

Disease	Diet Intake	HR/OR/RR (95% CI) Highest *vs.* Lowest	Reported Association	Number of Participants	Age (Years)	Years of Follow Up	Diet Assessment Method	Reference
Colorectal cancer	Red Meat	HR = 1.24 (1.12–1.36)	+	567,169	50–71	8.2	124-item FFQ	Cross, A. J., et al. (2007)
Colon cancer	High heme and low chlorophyl l	RR = 1.58 (0.99–2.54)	+	58,279 Men	55–69	9.3	150-item semi quantitative FFQ	Balder, H. F., et al. (2006)
Colorectal cancer with KRAS mutation	Heme Iron	HR = 1.71 (1.15–2.57)	+	4026	55–69	7.3	150-item FFQ	Gilsing, A. M., et al. (2013)
Esophageal squamous cell carcinoma	Red Meat	HR = 1.79 (1.07–3.01)	+	494,979	50–71	10	124-item FFQ	Cross, A. J., et al. (2011)
	Heme Iron	HR = 1.47 (0.99–2.20)						
Esophageal cancer	Red Meat	HR = 1.51 (1.09–2.08)	+	567,169	50–71	8.2	124-item FFQ	Cross, A. J., et al. (2007)
	Heme Iron	OR = 3.04 (1.20–7.72)	+	124 esophageal, 154 stomach cancer and 449 controls	≥21		100-item Short health habit and history questionnair e	Ward, M. H., et al. (2012)
Gastric cancer	Heme Iron	HR = 1.13 (1.01–1.26)	+	481,419	35–70	8.7	Validated country specific questionnair es	Jakszyn, P., et al. (2012)
Stomach cancer	Heme Iron	OR = 1.99 (1.00–3.95)	+	124 esophageal, 154 stomach cancer and 449 controls	≥21		100-item Short health habbit and history questionnair e	Ward, M. H., et al. (2012)
Liver cancer	Red Meat	HR = 1.61 (1.12–2.31)	+	567,169	50–71	8.2	124-item FFQ	Cross, A. J., et al. (2007)
Pancreatic cancer	Red Meat	HR_{Men} = 1.43 (1.11–1.83)	+	567,169	50–71	8.2	124-item FFQ	Cross, A. J., et al. (2007)

Endometrial cancer	Red Meat	HR = 0.75 (0.62–0.91)	inverse association	567,169	50–71	8.2	124-item FFQ	Cross, A. J., et al. (2007)
	Heme Iron	RR = 1.24 (1.01–1.53)	moderate	60,895	Women born betwee n 1914–1948	21	67-item FFQ in 1987 and 96-item FFQ in 1997	Lam, T. K., et al. (2013)
Lung cancer	Red Meat	HR_{Men} = 1.11 (0.79–1.56) HR_{Women} = 1.30 (0.87–1.95)	No Association	99,579	55–74	8	124-item FFQ	Tasevska, N., et al. (2011)
	Red Meat	HR = 1.2 (1.10–1.31)	+	567,169		8.2	124-item FFQ	Cross, A. J., et al. (2007)
	Red Meat	HR_{Men} = 1.22 (1.09–1.38) HR_{Women} = 1.13 (0.97–1.32)	+	278,380 men and 189,596 women	50–71	8	124-item FFQ	Tasevska, N., et al. (2009)
	Heme Iron	HR_{Men} = 1.25 (1.07–1.45) HR_{Women} = 1.18 (0.99–1.42)						

HR, hazard ratio; OR, odds ratio; RR, risco relativo; +, associação positiva; FFQ, questionário de frequência alimentar.

Estudos epidemiológicos e moleculares revelam a ligação entre a ingestão elevada de heme e o cancro do pulmão

Foram comunicados vários estudos de caso-controlo e de coorte sobre uma associação entre o consumo elevado de carne (ou de heme) e o risco de cancro do pulmão, mas estes estudos limitados apresentam resultados inconsistentes (Tasevska et al. 2011). Um estudo realizado em 2009 relatou uma forte associação positiva entre a ingestão de heme proveniente da carne e o cancro do pulmão nos homens, em comparação com as mulheres (Tasevska et al. 2009). Verificou-se que, para a associação entre a ingestão de heme e o risco de carcinoma do pulmão, os rácios de risco (HRs) em comparação com os quintis 5 com 1 (Q5vsQ1) são de 1,25 (95% CI = 1,07, 1,45) nos homens e 1,18 (95% CI = 0,99, 1,42) nas mulheres. O estudo revelou um risco ainda maior de cancro do pulmão nos homens com um consumo elevado de heme biodisponível e um consumo inferior de antioxidantes (Tasevska et al. 2009). Pelo contrário, Tasevska e colaboradores, em 2011, não referiram qualquer associação significativa entre o consumo de uma dieta rica em carne vermelha e o cancro do pulmão (Tasevska et al. 2011). Na sua população estudada, não observaram qualquer associação entre o consumo de heme e o risco de cancro do pulmão.

Para associar uma ligação entre a ingestão de carne vermelha fresca e heme, Lam e colaboradores realizaram um estudo mecanicista na carcinogénese pulmonar relacionada com a carne utilizando a expressão do genoma completo (Lam et al. 2013). Eles mediram a expressão de todo o genoma em tumores e tecidos pulmonares congelados frescos não envolvidos de 64 pacientes com adenocarcinoma. Dos 232 genes anotados no tecido tumoral, descobriram que ~28% (63 genes) estavam envolvidos no transporte de heme, absorção (por exemplo, HFE), ligação (por exemplo, CYP4A11, HPX e NENF), biossíntese (por exemplo, ALAS2) e via de sinalização wnt mediada por heme/ferro (por exemplo, WNTs, LEF1, PTPRT, TNF) (Lam et al. 2013).

A DEFICIÊNCIA DE HEME PODE CAUSAR GRAVES PROBLEMAS DE SAÚDE NOS SERES HUMANOS

Embora uma ingestão alimentar elevada de heme possa ter efeitos adversos na saúde, a deficiência de heme também pode causar problemas de saúde graves. No corpo humano, cerca de 80% do heme está presente nos glóbulos vermelhos, 15% é sintetizado e está presente no fígado, e o restante é distribuído em outros tecidos (Smith et al. 2011; Zhang 2011a; Girvan e Munro 2013). Anteriormente, Tatyana e colaboradores resumiram os seguintes papéis recentemente identificados do heme: 1) Papel na regulação da expressão genética nas proteínas do fator de transcrição Hap1 da levedura, Bach1 dos mamíferos e Irr bacteriano; 2) Papel no controlo dos canais iónicos (tais como, canais de potássio activados por tensão de alta condutância e Ca^{2+}); 3) Papel na ligação a diferentes proteínas receptoras nucleares; 4) Papel na regulação do relógio circadiano (ciclo dia-noite), 5) Papel nos eritrócitos (Smith et al. 2011).

Os defeitos na biossíntese do heme podem causar anemia e porfirias nos seres humanos

A biossíntese do heme envolve oito enzimas, e um defeito em qualquer uma delas está associado a doenças. Esse defeito pode ser causado por mutações genéticas ou por factores ambientais que suprimem a síntese do heme, como a presença de chumbo ou a falta de ferro. A síntese defeituosa do heme pode causar porfirias agudas, que estão associadas a problemas neurológicos no sistema nervoso periférico (por exemplo, fraqueza motora e alterações sensoriais, como dor abdominal, parestesia e perda de sensibilidade) e no SNC (por exemplo, insónia, depressão, ansiedade, alucinação, convulsões e paranoia) (Anderson K.E et al. 2009). A anemia sideroblástica é uma doença rara ligada ao X, que é causada por um defeito na enzima específica dos eritróides, a 5-aminolevulinic acid synthase-2 (ALAS2). Os defeitos em qualquer uma das outras sete enzimas estão associados à porfiria (Anderson K.E et al. 2009). As porfirias dividem-se em porfirias eritropoiéticas e porfirias hepáticas agudas (Anderson K.E et al. 2009). Os problemas neuronais estão associados aos seguintes quatro tipos conhecidos de porfirias hepáticas: porfiria deficiente em 5-aminolevulinato desidratase (ADP), porfiria aguda intermitente (AIP), coproporfiria hereditária (HCP) e porfiria variegada (VP) (Anderson K.E et al. 2009). Três das quatro porfirias hepáticas são herdadas de forma dominante, exceto a ADP, que é rara e uma doença recessiva dominante (Badminton e Elder 2005). A produção excessiva e a acumulação de porfirinas e dos precursores das porfirinas, o ácido 5-aminolevulínico (ALA) e o porfobilinogénio (PBG), representam as manifestações clínicas das porfirias. Para além dos defeitos genéticos, a falta de ferro também pode causar deficiência de heme, como é o caso da anemia por deficiência de ferro. A falta de ferro pode ser causada por uma baixa ingestão de ferro na dieta, como no caso dos vegetarianos, ou por perdas de sangue, por exemplo, hemorragias menstruais abundantes.

O heme regula diversos genes neuronais

O heme está envolvido na regulação de genes específicos dos neurónios, nomeadamente através da via de sinalização NGF (Sengupta et al. 2005; Smith et al.

2011). Foi relatado que a deficiência de heme induz a apoptose em linhas celulares neuronais induzidas por NGF. A deficiência de heme induziu a via de sinalização JNK pró-apoptótica e inactivou a via de sinalização Ras-ERK1/2 pró-sobrevivência (Zhu et al. 2002). Um mecanismo possível da ação reguladora do heme pode ser através da modulação da atividade da quinase. O trabalho no laboratório de Zhang mostrou que o heme interage ativamente com Jak2 e Src e afecta a fosforilação de resíduos de tirosina chave em Jak2 e Src (Yao et al. 2010). Além disso, os nossos dados de microarray mostraram que a deficiência de heme em células neuronais de rato induzidas por NGF alterou a atividade de vários genes neuronais específicos importantes. Estes incluem os genes estruturais que codificam as proteínas do neurofilamento e as proteínas das vesículas sinápticas, os genes reguladores que codificam os componentes de sinalização P-arrestin e p38 MAPK, e os genes de resposta ao stress que codificam hsp70 (Zhu et al. 2002).

A alteração do metabolismo do heme está associada à doença de Alzheimer

A doença de Alzheimer (DA) é uma doença neurodegenerativa relacionada com a idade, uma causa comum de demência relacionada com a idade. Caracteriza-se pela perda de memória causada por um declínio da função sináptica, pela formação de emaranhados neurofibrilares e pela morte de células neuronais, a que se segue um declínio adicional das funções cognitivas e físicas. A agregação do péptido amiloide-β (Aβ) está associada à fisiopatologia da DA e está associada à perda da homeostase do ferro e do complexo mitocondrial IV (Atamna 2006; Smith et al. 2011). O metabolismo alterado do heme é encontrado no cérebro de pacientes com DA (Smith et al. 2011). O metabolismo defeituoso do heme está associado a aberrações na cadeia do transporte de electrões (perda do complexo IV), dimerização da APP, produção de radicais livres, marcadores de danos oxidativos e, em última análise, morte celular, o que representa citopatologias-chave da DA (Atamna e Frey 2007). Os níveis de expressão das enzimas de síntese do heme ALAS1 e porfobilinogénio desaminase estão substancialmente diminuídos, o que pode estar associado à deficiência de heme observada na DA, sugerindo que a biossíntese do heme está alterada nos doentes com DA. Foi relatado que os níveis de expressão da heme oxigenase (HO) estão aumentados no córtex cerebral e no hipocampo de pacientes com DA (Schipper 2011). Existem opiniões contraditórias sobre os efeitos da HO; não é claro se a HO está associada a uma deficiência de heme ou a um aumento da síntese de heme (Smith et al. 2011). Devido ao aumento da degradação do heme nos doentes com DA, os níveis de bilirrubina, um produto da degradação do heme, estão aumentados no LCR dos doentes com DA (Atamna 2004). O Aβ liga-se a duas moléculas de heme com uma constante de ligação de $K_{a1} = 7{,}27 \times 10^{-6} M^{-1}$ ($n_1 = 1{,}5$) e $K_{a2} = 2{,}89 \times 10^{-6} M^{-1}$ ($n_2 = 1{,}8$), formando o complexo Aβ-heme, que pode levar à deficiência funcional do heme no cérebro de pacientes com DA (Zhou et al. 2013). A ligação do heme à Aβ impede a formação de agregados de Aβ, embora o complexo Aβ-heme seja uma peroxidase e possa oxidar várias biomoléculas. O sequestro do heme pelo Aβ cria um ambiente de deficiência de heme que conduz a mitocôndrias disfuncionais e a uma atividade metabólica alterada no cérebro da DA (Atamna e Frey 2007).

O heme é importante na regulação do ritmo circadiano nos seres humanos

O ritmo circadiano é o relógio que rege muitos comportamentos e processos fisiológicos importantes nos seres humanos, como o ciclo sono/vigília, a alimentação, a temperatura corporal, a secreção hormonal e o metabolismo (Feng e Lazar 2012). Estudos moleculares e bioquímicos sugeriram um envolvimento do heme na regulação dos ritmos circadianos. A proteína 2 do domínio PAS neuronal (NPAS2) é uma proteína de ligação ao heme e desempenha um papel na regulação dos ritmos circadianos (Dioum et al. 2002; Shimizu 2012). A atividade de ligação ao ADN da NPAS2 ligada ao heme pode ser inibida por concentrações micromolares baixas de monóxido de carbono, sugerindo que a expressão dos seus genes alvo é regulada pelo gás através de um sensor baseado no heme (Dioum et al. 2002; Shimizu 2012). O heme actua como um ligando para os receptores de hormonas nucleares REVERBa e REV-ERBβ. O REV-ERBα regula uma série de funções fisiológicas, incluindo ritmos circadianos e vias de genes metabólicos. Actua como um sensor heme para a coordenação da via circadiana e metabólica (Burris 2008; Yin et al. 2010; Feng e Lazar 2012). Um estudo em ratos sugere que um defeito na biossíntese de heme, especialmente a deficiência de heme, pode afetar a fase e o período do relógio circadiano (Iwadate et al. 2012). Assim, o heme actua como um fator que modula a função dos genes do relógio circadiano dos mamíferos (Iwadate et al. 2012).

REFERÊNCIAS

Anderson K.E, et al. (2009). Distúrbios da biossíntese do heme: X-Linked Sideroblastic Anemia and the Porphyrias. Nova Iorque, The Mc Graw-Hill Companies, Inc.

Atamna, H. (2004). "Heme, ferro e a decadência mitocondrial do envelhecimento". Ageing Res Rev 3(3): 303318.

Atamna, H. (2006). "Ligação do heme ao péptido amiloide-beta: papel mecanicista na doença de Alzheimer". J Alzheimers Dis 10(2-3): 255-266.

Atamna, H. e W. H. Frey, 2º (2007). "Mecanismos de disfunção mitocondrial e deficiência de energia na doença de Alzheimer". Mitochondrion 7(5): 297-310.

Badminton, M. N. e G. H. Elder (2005). "Mecanismos moleculares de expressão dominante na porfiria". J Inherit Metab Dis 28(3): 277-286.

Balder, H. F., et al. (2006). "Ingestão de heme e clorofila e risco de cancro colorrectal no estudo de coorte dos Países Baixos". Cancer Epidemiol Biomarkers Prev 15(4): 717-725.

Baronc, E., et al. (2013). "A face Janus do sistema heme oxigenase / biliverdina redutase em Doença de Alzheimer: É hora de reconciliação". Neurobiol Dis 62C: 144-159.

Bastide, N. M., et al. (2011). "Ferro heme da carne e risco de cancro colorrectal: uma meta-análise e uma revisão dos mecanismos envolvidos." Cancer Prev Res (Phila) 4(2): 177-184.

Beutler, E., et al. (2006). Hereditary Hemochromatosis (Hemocromatose hereditária). Nova Iorque, The McGraw-Hill Companies, Inc.

Bingham, S. A., et al. (2002). "Effect of white versus red meat on endogenous N-nitrosation in the human colon and further evidence of a dose response." J Nutr 132(11 Suppl): 3522S-3525S.

Briat, J. F., et al. (2007). "Utilização e metabolismo do ferro nas plantas". Curr Opin Plant Biol 10(3): 276282.

Burris, T. P. (2008). "Receptores de hormonas nucleares para o heme: REV-ERBalpha e REV-ERBbeta são componentes regulados por ligandos do relógio dos mamíferos". Mol Endocrinol 22(7): 1509-1520.

Chan, D. S., et al. (2011). "Carne vermelha e processada e incidência de cancro colorrectal: meta-análise de estudos prospectivos." PLoS One 6(6): e20456.

Chernova, T., et al. (2007). "Degeneração de neuritos induzida por deficiência de heme mediada pela inibição da ativação da quinase 1/2 regulada por sinal extracelular dependente do recetor NMDA". J Neurosci 27(32): 8475-8485.

Chiabrando, D., et al. "Heme and erythropoieis: more than a structural role." Haematologica 99(6): 973-983.

Conrad, M. E. e J. N. Umbreit (2000). "Absorção e transporte de ferro - uma atualização". Am J Hematol 64(4): 287-298.

Cross, A. J., et al. (2011). "Consumo de carne e risco de câncer esofágico e gástrico em um grande estudo prospetivo." Am J Gastroenterol 106(3): 432-442.

Cross, A. J., et al. (2012). "Desenvolvimento de uma base de dados de ferro heme para carnes de acordo com o tipo de carne, método de cozedura e nível de cozedura." Food Nutr Sci 3(7): 905-913.

Cross, A. J., et al. (2007). "Um estudo prospetivo da ingestão de carne vermelha e processada em relação ao risco de cancro". PLoS Med 4(12): e325.

de Vogel, J., et al. (2005). "A clorofila natural, mas não a clorofilina, evita os efeitos citotóxicos e hiperproliferativos induzidos pelo heme no cólon do rato". J Nutr 135(8): 1995-2000.

Dioum, E. M., et al. (2002). "NPAS2: um fator de transcrição sensível ao gás". Science 298(5602): 2385-2387.

Ebert, P. S., et al. (1981). "Absorção de hematina e crescimento de células malignas de eritroleucemia murina depletadas de heme endógeno por succinilacetona". Cancer Res 41(3): 937-941.

Feng, D. e M. A. Lazar (2012). "Relógios, metabolismo e o epigenoma". Mol Cell 47(2): 158167.

Friberg, E., et al. (2007). "Diabetes e risco de cancro do endométrio: um estudo de coorte prospetivo de base populacional". Cancer Epidemiol Biomarkers Prev 16(2): 276-280.

Fuqua, B. K., et al. (2012). "Absorção intestinal de ferro". J Trace Elem Med Biol 26(2-3): 115-119.

Genkinger, J. M., et al. (2012). "Ingestão de ferro heme na dieta a longo prazo e ingestão de carne vermelha em relação ao risco de câncer endometrial." Am J Clin Nutr 96(4): 848-854.

Gilsing, A. M., et al. (2013). "Ferro heme dietético e o risco de câncer colorretal com mutações específicas em KRAS e APC." Carcinogénese 34(12): 2757-2766.

Girvan, H. M. e A. W. Munro (2013). "Proteínas do sensor de heme". J Biol Chem 288 (19): 1319413203.

Hamza, I. e H. A. Dailey (2012). "Um anel para governar todos eles: tráfico de intermediários de síntese de heme e heme nos metazoários". Biochim Biophys Ata 1823(9): 1617-1632.

Han, O. (2011). "Mecanismo molecular de absorção intestinal de ferro". Metallomics 3(2): 103-109.

Hooda, J., et al. (2013). "A função heme aprimorada e a respiração mitocondrial promovem a progressão das células de câncer de pulmão". PLoS One 8(5): e63402.

Iwadate, R., et al. (2012). "O comprometimento da biossíntese do heme induz um curto período circadiano nos ritmos da temperatura corporal em camundongos". Am J Physiol Regul Integr Comp Physiol 303 (1): R8-18.

Jacobs, A. (1970). "Disponibilidade e absorção de ferro na dieta". Proc R Soc Med 63(12): 1215-1216.

Jakszyn, P., et al. (2012). "Ingestão dietética de ferro heme e risco de cancro gástrico na investigação prospetiva europeia sobre o estudo do cancro e da nutrição." Int J Cancer 130(11): 2654-2663.

Kabat, G. C., et al. (2008). "Ingestão de ferro dietético e ferro hemático e risco de cancro do endométrio: um estudo de coorte prospetivo." Br J Cancer 98(1): 194-198.

Kallianpur, A. R., et al. (2010). "Ingestão de ferro na dieta e risco de cancro do endométrio: um estudo de caso-controlo de base populacional em Xangai, China." Nutr Cancer 62(1): 40-50.

Khan, A. A. e J. G. Quigley (2013). "Famílias de transportadores relacionados a Heme e FLVCR SLC48 e SLC49." Mol Aspects Med 34(2-3): 669-682.

Krishnamurthy, P., et al. (2007). "O papel dos transportadores na homeostase celular do heme e da porfirina". Pharmacol Ther 114(3): 345-358.

Kuhnle, G. G. e S. A. Bingham (2007). "Carne dietética, nitrosação endógena e cancro colorrectal". Biochem Soc Trans 35(Pt 5): 1355-1357.

Laftah, A. H., et al. (2009). "Transporte de heme e folato pelo transportador de folato acoplado a prótons / proteína transportadora de heme 1 (SLC46A1)." Br J Nutr 101(8): 1150-1156.

Lam, T. K., et al. (2013). "Assinaturas de expressão gênica relacionadas ao heme de ingestão de carne em tecidos de câncer de pulmão". Mol Carcinog.

Larsson, S. C. e A. Wolk (2006). "Consumo de carne e risco de cancro colorrectal: uma meta-análise de estudos prospectivos." Int J Cancer 119(11): 2657-2664.

Larsson, S. C. e A. Wolk (2012). "Consumo de carne vermelha e processada e risco de cancro do pâncreas: meta-análise de estudos prospectivos." Br J Cancer 106(3): 603-607.

Latunde-Dada, G. O., et al. (2006). "Proteína transportadora de hémen 1 (HCP1): Expressão e estudos funcionais em células de cultura". FEBS Lett 580(30): 6865-6870.

Le Blanc, S., et al. (2012). "A proteína transportadora de heme 1 transporta heme e está envolvida no metabolismo de heme-Fe." Am J Physiol Cell Physiol 302(12): C1780-1785.

Liao, Y. F., et al. (2013). "Heme oxigenase-1 e lesão de isquemia / reperfusão intestinal: Uma breve revisão". World J Gastroenterol 19(23): 3555-3561.

Lunn, J. C., et al. (2007). "O efeito do hémen na carne vermelha e processada na formação endógena de compostos N-nitroso no trato gastrointestinal superior". Carcinogenesis 28(3): 685690.

Matias-Guiu, X. e J. Prat (2013). "Patologia molecular do carcinoma endometrial". Histopatologia 62(1): 111-123.

Mendiburo, M. J., et al. (2011). "Transporte transepitelial de heme-ferro: efeito da superexpressão da heme oxigenase". Eur J Nutr 50(5): 363-371.

N, I. J., et al. (2012). "O hem dietético estimula a renovação das células epiteliais ao regular negativamente os inibidores de feedback da proliferação no cólon murino." Gut 61(7): 1041-1049.

Naito, Y. (2008). "Introdução à revisão em série: heme oxigenase e monóxido de carbono: química medicinal e efeitos biológicos." J Clin Biochem Nutr 42(2): 76-77.

Nobles, C. L., et al. (2013). "Um produto do catabolismo do heme modula a função bacteriana e sobrevivência." PLoS Pathog 9(7): e1003507.

Noyer, C. M., et al. (1998). "A absorção inicial de heme da albumina por hepatócitos de rato cultivados a curto prazo é mediada por um mecanismo de transporte diferente do de outros aniões orgânicos." Hepatology 28(1): 150-155.

O'Callaghan, K. M., et al. (2010). "A proteína de ligação ao heme HRG-1 é induzida pelo fator de crescimento semelhante à insulina I e associa-se à H+-ATPase vacuolar para controlar o pH endossómico e o tráfico de receptores". J Biol Chem 285(1): 381-391.

Oates, P. S. e A. R. West (2006). "Heme in intestinal epithelial cell turnover, differentiation, detoxification, inflammation, carcinogenesis, absorption and motility." World J Gastroenterol 12(27): 4281-4295.

Ogawa, K., et al. (2001). "Heme medeia a desrepressão do elemento de reconhecimento Maf através da ligação direta ao repressor de transcrição Bach1." Embo J 20(11): 2835-2843.

Origassa, C. S. e N. O. Camara (2013). "Papel citoprotetor da heme oxigenase 1 e produtos finais derivados da degradação do heme na lesão hepática". World J Hepatol 5(10): 541-549.

Qiao, L. e Y. Feng (2013). "Consumo de ferro heme e zinco e incidência de câncer colorretal: uma meta-análise de estudos prospectivos." Cancer Causes Control 24(6): 1175-1183.

Quigley, J. G., et al. (2004). "Identificação de um exportador de heme humano que é essencial para a eritropoiese". Cell 118(6): 757-766.

Raffin, S. B., et al. (1974). "Absorção intestinal da clivagem ferro-heme da hemoglobina pela heme oxigenase da mucosa". J Clin Invest 54(6): 1344-1352.

Rajagopal, A., et al. (2008). "A homeostase do heme é regulada pelas funções conservadas e concertadas das proteínas HRG-1". Nature 453(7198): 1127-1131.

Schacter, B. A., et al. (1972). "Evidência imunoquímica de uma associação da heme oxigenase com o sistema de transporte de electrões microssomal". J Biol Chem 247(11): 3601-3607.

Schipper, H. M. (2011). "Heme oxigenase-1 na doença de Alzheimer: uma homenagem a Moussa Youdim". J Neural Transm 118(3): 381-387.

Schwartz, S. e M. Ellefson (1985). "Recuperação fecal quantitativa de hemoglobina-heme ingerida no sangue: comparações por ensaio HemoQuant com carne e peixe ingeridos." Gastroenterology 89(1): 1926.

Sengupta, A., et al. (2005). "A deficiência de heme suprime a expressão de genes neuronais chave e causa a morte de células neuronais". Brain Res Mol Brain Res 137(1-2): 23-30.

Shayeghi, M., et al. (2005). "Identificação de um transportador intestinal de heme". Cell 122(5): 789-801.

Shimizu, T. (2012). "A ligação do tiolato de cisteína ao complexo heme Fe (III) é crítica para a função das proteínas do sensor heme". J Inorg Biochem 108: 171-177.

Smith, A. G., et al. (2011). "O papel regulador do heme nos neurónios". Metallomics 3(10): 955-962.

Takeda, A., et al. (2000). "Sobreexpressão de heme oxigenase em células neuronais, a possível interação com Tau." J Biol Chem 275(8): 5395-5399.

Tasevska, N., et al. (2011). "Nenhum efeito da carne, preferências de cozimento da carne, mutagénicos da carne ou ferro heme no risco de cancro do pulmão no ensaio de rastreio do cancro da próstata, pulmão, colorrectal e ovário." Int J Cancer 128(2): 402-411.

Tasevska, N., et al. (2009). "Um estudo prospetivo sobre carne, métodos de cozedura, mutagénicos da carne, ferro heme e riscos de cancro do pulmão". Am J Clin Nutr 89(6): 1884-1894.

Tenhunen, R., et al. (1969). "Heme oxigenase microssomal. Caracterização da enzima". J Biol Chem 244(23): 6388-6394.

Vaghefi, N., et al. (2002). "Influência da extensão da hidrólise da hemoglobina na absorção digestiva do ferro heme. Um estudo in vitro". J Agric Food Chem 50(17): 4969-4973.

Villarroel, P., et al. (2011). "Efeito da proteína dietética na captação de ferro heme pelas células Caco-2". Eur J Nutr 50(8): 637-643.

Ward, M. H., et al. (2012). "Ferro heme da carne e risco de adenocarcinoma do esófago e do estômago". Eur J Cancer Prev 21(2): 134-138.

Warnatz, H. J., et al. (2011). "Os genes alvo BTB e CNC homologia 1 (BACH1) estão envolvidos na resposta ao estresse oxidativo e no controle do ciclo celular." J Biol Chem 286(26): 23521-23532.

Weinberg, E. D. (1996). "O papel do ferro no cancro". Eur J Cancer Prev 5(1): 19-36.

West, A. R. e P. S. Oates (2008). "Mecanismos de absorção do ferro heme: questões actuais e controvérsias". World J Gastroenterol 14(26): 4101-4110.

Wheby, M. S. e D. A. Spyker (1981). "Cinética de absorção de ferro da hemoglobina no cão com deficiência de ferro". Am J Clin Nutr 34(9): 1686-1693.

White, C., et al. (2013). "HRG1 é essencial para o transporte de heme do fagolisossomo de macrófagos durante a eritrofagocitose." Cell Metab 17(2): 261-270.

Yanatori, I., et al. (2010). "Transportadores de ferro heme e não-heme em células não polarizadas e polarizadas". BMC Cell Biol 11: 39.

Yao, X., et al. (2010). "O heme controla a regulação das proteínas tirosina quinases Jak2 e Src". Biochem Biophys Res Commun 403(1): 30-35.

Yin, L., et al. (2010). "Recetor nuclear Rev-erbalpha: um recetor heme que coordena o ritmo circadiano e o metabolismo". Nucl Recept Signal 8: e001.

Yoshida, T., et al. (1980). "Forma oxigenada de heme . complexo heme oxigenase e necessidade de um segundo eletrão para iniciar a degradação do heme a partir do complexo oxigenado". J Biol Chem 255(10): 4418-4420.

Zhang, L. (2011a). HEME: An Ingenious Regulator of Gene Transcription. Biologia do Heme: 33-54.

Zhang, L. (2011b). INTRODUÇÃO. Heme Biology: 1-6.

Zhang, L. e R. Scssoms (2011). BIOSINTESE E DEGRADAÇÃO DO HEME: O que acontece quando a coisa dá errado? Heme Biology: 7-31.

Zhou, Y., et al. (2013). "Interação entre o peptídeo amiloide-beta e o heme sondado por eletroquímica e microscopia de força atômica". ACS Chem Neurosci 4(4): 535-539.

Zhu, Y., et al. (1999). "O heme inicia mudanças na expressão de uma ampla gama de genes durante o estágio inicial de diferenciação eritroide". Biochem Biophys Res Commun 258(1): 87-93.

Zhu, Y., et al. (2002). "An examination of heme action in gene expression: heme and heme deficiency affect the expression of diverse genes in erythroid k562 and neuronal PC12 cells." DNA Cell Biol 21(4): 333-346.

CAPÍTULO 2

A FUNÇÃO HEME E A RESPIRAÇÃO MITOCONDRIAL MELHORADAS PROMOVEM A PROGRESSÃO DAS CÉLULAS DO CANCRO DO PULMÃO

Autores - Jagmohan Hooda[1*], Daniela Cadinu[1*], Md Maksudul Alam[1], Ajit Shah[1], Thai M Cao[1], Laura A. Sullivan[2], Rolf Brekken[2] e Li Zhang[1*]

[1]Departamento de Biologia Molecular e Celular, Centro de Biologia de Sistemas, Universidade do Texas em Dallas, 800 West Campbell Rd., Richardson, Texas 75080

[2] Divisão de Oncologia Cirúrgica, Departamento de Cirurgia, University of Texas Southwestern Medical Center, 5323 Harry Hines Blvd., Dallas, Texas 75390

Cabeçalho: Função do heme e respiração mitocondrial na progressão do cancro do pulmão

* Contribuíram igualmente para este trabalho

Reimpressão de PLoS ONE, 2013 (acesso livre)

8(5): e63402. doi:10.1371/journal.pone.0063402

AGRADECIMENTOS

Este trabalho foi apoiado pelos fundos Cecil H e Ida Green para o Dr. Li Zhang e pelo subsídio NCI SPORE P50CA70907 para o Dr. Rolf Brekken. Estamos gratos ao Dr. John Minna (UTSW) por ter fornecido as linhas celulares HCC4017 e HBEC30KT.

RESUMO

O cancro do pulmão é a principal causa de mortalidade relacionada com o cancro, e cerca de 85% dos casos são de cancro do pulmão de células não pequenas (NSCLC). É importante salientar que os recentes avanços na investigação sobre o cancro sugerem que a alteração da bioenergética das células cancerígenas pode constituir uma forma eficaz de atingir estas células cancerígenas avançadas que adquiriram mutações em múltiplos reguladores celulares. Este estudo tem como objetivo identificar alterações bioenergéticas nas células cancerosas do pulmão, medindo e comparando diretamente as principais actividades metabólicas num par de linhas celulares que representam células normais e células NSCLC desenvolvidas a partir do mesmo doente. Verificámos que as taxas de consumo de oxigénio e de biossíntese de heme foram intensificadas nas células NSCLC. Além disso, as células NSCLC apresentavam níveis substancialmente aumentados de uma série de proteínas que promovem a síntese, a captação e a função do heme. Estas proteínas incluem a enzima biossintética ALAS, limitadora da taxa de heme, as proteínas transportadoras HRG1 e HCP1, que estão envolvidas na captação de heme, e vários tipos de hemoproteínas utilizadoras de oxigénio, como a citoglobina e os citocromos. Vários tipos de xenoenxertos de tumores humanos também apresentaram níveis aumentados dessas proteínas. Além disso, descobrimos que a redução da biossíntese e da absorção do heme, tal como a redução da respiração mitocondrial, reduziu eficazmente o consumo de oxigénio, a proliferação das células cancerosas, a migração e a formação de colónias. Em contrapartida, a redução da degradação do heme não tem qualquer efeito nas células do cancro do pulmão. Estes resultados mostram que o aumento do fluxo e da função do heme é uma caraterística fundamental das células NSCLC. Além disso, o aumento da produção e do fornecimento de heme e de hemoproteínas que utilizam oxigénio nas células cancerosas conduzirá a um maior consumo de oxigénio e à produção de energia celular através da respiração mitocondrial, o que alimentará a proliferação e a progressão das células cancerosas. Os resultados mostram que a inibição do heme e da função respiratória pode efetivamente travar a progressão das células cancerosas do pulmão. Assim, a compreensão da função do heme pode ter um impacto positivo na investigação sobre a biologia e a terapêutica do cancro do pulmão.

INTRODUÇÃO

As células tumorais têm uma maior procura de nutrientes, que fornecem energia celular e blocos de construção metabólicos. O aumento da procura metabólica nas células tumorais acompanha frequentemente um metabolismo alterado. Na década de 1920, Otto Warburg demonstrou que as células tumorais metabolizam a glicose e geram lactato a níveis mais elevados, apesar da presença de oxigénio abundante, um fenómeno designado por efeito Warburg (Minami 1923; Warburg 1930). Estudos mais recentes revelaram os eventos moleculares subjacentes a muitas alterações metabólicas nas células cancerígenas (Vander Heiden et al. 2010; Hitosugi et al. 2009; Anastasiou et al. 2011). Por exemplo, Anastasiou et al. (Anastasiou et al. 2011) mostraram recentemente que a enzima piruvato quinase M2 (PKM2), que é a piruvato quinase predominante encontrada nas células cancerígenas, é crucial para manter a homeostase redox celular. Além disso, estudos recentes sugerem que as enzimas metabólicas podem atuar como supressores de tumores (por exemplo, fumarato hidratase e succinato desidrogenase) ou oncogenes (por exemplo Estes estudos recentes confirmaram que a alteração do metabolismo é, de facto, uma caraterística distintiva do cancro e sugeriram que as alterações do metabolismo nas células cancerígenas são muito mais complexas do que o inicialmente sugerido.

Estudos recentes demonstraram que o aumento do fluxo glicolítico nas células cancerígenas não depende da diminuição do consumo de oxigénio ou da respiração mitocondrial (Jose et al. 2011; Bonuccelli et al. 2010; Moreno-Sanchez et al. 2007). Por exemplo, dois estudos separados (Whitaker-Menezes et al. 2011; Kaambre et al. 2012) mostraram que a respiração mitocondrial é amplificada em células de cancro da mama humano. Outro estudo mostrou que as células cancerosas podem manter a fosforilação oxidativa a uma taxa reduzida, mas ainda substancial, mesmo a um nível de oxigénio de 1% (Frezza et al. 2011). Estes resultados sublinham que a respiração e a função mitocondriais são cruciais para o metabolismo e a bioenergética das células cancerosas. Em particular, o heme é um fator central na função mitocondrial e no metabolismo do oxigénio (Padmanaban et al. 1989; Mense e Zhang 2006). O heme desempenha um papel fundamental em praticamente todos os processos envolvidos no metabolismo do oxigénio. O heme serve como grupo prostético na hemoglobina, na mioglobina e noutras globinas que transportam ou armazenam oxigénio, nos complexos da cadeia respiratória mitocondrial, no citocromo P450 e noutras oxigenases que utilizam o oxigénio para reacções biossintéticas e de degradação, e noutras enzimas que utilizam ou desintoxicam o oxigénio, como as peroxidases e as catalases (Padmanaban et al. 1989; Ortiz de Montellano 2009). Do mesmo modo, a biossíntese do heme requer oxigénio como substrato, embora o Km das enzimas biossintéticas do heme para o oxigénio seja muito baixo (Andrew et al. 1990). Por conseguinte, o heme e o oxigénio estão estreitamente ligados e são interdependentes.

Neste estudo, investigamos a função do heme e das mitocôndrias no desenvolvimento do cancro do pulmão. O cancro do pulmão é a principal causa de mortalidade relacionada com o cancro nos EUA e em todo o mundo, e cerca de 85% dos casos são de cancro do pulmão de células não pequenas (NSCLC) (Jemal et al. 2010; Organização 2011). A maioria dos doentes tem tumores em estádio III/IV localmente avançados no momento da apresentação (Mountain 2000). A exploração das vulnerabilidades metabólicas pode proporcionar estratégias alternativas eficazes para combater a progressão do cancro do pulmão. Por conseguinte, caracterizámos e comparámos o metabolismo do oxigénio e a função heme nas células HBEC30KT e HCC4017 (Ramirez et al. 2004; Whitehurst et al. 2007). Este par de linhas celulares representa células HBEC normais não malignas (HBEC30KT) e células NSCLC (HCC4017) desenvolvidas a partir do mesmo doente. Comparámos os perfis metabólicos e moleculares deste par de linhas celulares cultivadas em condições idênticas. Estávamos interessados em determinar se, e em que medida, o metabolismo do oxigénio e os níveis de heme estão alterados e se essas alterações contribuem para a manutenção e proliferação das células cancerígenas do pulmão. Os nossos dados indicam que o consumo de oxigénio e a síntese de heme são significativamente intensificados nas células cancerosas do pulmão, em comparação com as células normais. Além disso, os níveis de proteínas envolvidas na síntese e captação intracelular de heme estão substancialmente aumentados nas células cancerosas do pulmão. Além disso, os níveis de hemoproteínas que utilizam oxigénio, como a citoglobina, aumentaram drasticamente nas células cancerosas. A inibição da função heme ou mitocondrial suprimiu preferencialmente o consumo de oxigénio, a proliferação de células cancerosas, a formação de colónias e a migração. Estes resultados mostram que o aumento da síntese de heme e de hemoproteínas nas células cancerosas do pulmão resulta na intensificação do consumo de oxigénio e da respiração mitocondrial que alimentam o desenvolvimento das células cancerosas.

MATERIAIS E MÉTODOS

Manutenção das células pulmonares, tratamento e contagem de células

As linhas celulares HBEC30KT e HCC4017, que representam células normais e de NSCLC (Ramirez et al. 2004; Whitehurst et al. 2007), foram oferecidas pelo laboratório do Dr. John Minna (UTSW). Foram desenvolvidas a partir do mesmo doente e foram mantidas em ACL4 suplementado com 2% de FBS sob 5% de CO_2 a 37°C (Whitehurst et al. 2007). Para o tratamento com o inibidor da síntese de heme, a succinilacetona, as células foram cultivadas em meio contendo soro depletado de heme. O soro depletado de heme foi preparado conforme descrito anteriormente (Zhu et al. 2002). Resumidamente, o soro empobrecido em heme foi gerado através do tratamento do soro com ácido ascórbico durante 2 h, seguido de diálise em PBS e esterilização por filtração. A depleção de heme é verificada através da medição da absorvância ótica do soro a 405 nm. Normalmente, a absorvância do soro é reduzida em pelo menos 50% após o tratamento com ácido ascórbico. Para medir o efeito dos reagentes na proliferação de células pulmonares, as células foram semeadas numa placa de 48 poços a uma densidade de 10^3 células/poço. Após 24 horas de cultura, as células foram tratadas com 0,5 mM de succinilacetona ou com 10 iiM de cianeto de carbonilo 3-

clorofenil-hidrazona (CCCP). A cada 24 horas após o tratamento, o número de células vivas foi contado utilizando a coloração com azul de tripan e um hemocitómetro.

Medição do consumo de glicose, do consumo de oxigénio e da síntese de heme

Para medir o consumo de glucose, as células (~90% de confluência) foram incubadas durante 24 horas com meio fresco. O nível de glucose no meio de cultura foi medido utilizando o kit de ensaio de glucose (GO) (Sigma). O consumo de oxigénio foi medido, tal como descrito anteriormente (Papandreou et al. 2006). Resumidamente, as células com cerca de 80% de confluência foram tripsinizadas e ressuspendidas em meio fresco e saturado de ar. Para cada medição, foram introduzidas 10^6 células (em 350 μl) na câmara de um sistema Oxygraph (Hansatech Instruments), com um elétrodo do tipo Clark colocado no fundo da câmara respiratória. Durante as medições, a câmara foi termostática a 37°C através de um banho de água em circulação. Foi utilizada uma barra de agitação electromagnética para misturar o conteúdo da câmara. A taxa de síntese de heme foi medida conforme descrito (Zhu et al. 2002). Resumidamente, as células foram tratadas com 0,5 mM de succinilacetona ou 10 μM de CCCP durante 48 h, e foram incubadas com 0,3 μCi de ácido [4-^{14}C] 5- aminolevulínico (PerkinElmer Life and analytical Sciences) durante 24 h. O heme foi extraído destas células utilizando acetona-ácido clorídrico e éter dietílico, e a quantidade de heme radiomarcado foi medida, conforme descrito (Shedlofsky et al. 1987). A incorporação de radioatividade no heme extraído permite medir a biossíntese do heme. A quantidade de heme radiomarcado foi medida por contagem de cintilação.

Quantificação e deteção de ADN mitocondrial por PCR em tempo real

Os primers de oligonucleótidos para medir os níveis de transcrição dos genes foram concebidos utilizando o programa Primer3 (http://frodo.wi.mit.edu/cgi-bin/primer3/primer3_www.cgi). A p-actina foi utilizada como controlo para a quantificação relativa das transcrições. O ARN total foi extraído de células não tratadas ou tratadas com 0,5 mM de succinilacetona em meio sem heme, utilizando o reagente TRIzol (Invitrogen). O ARN foi purificado com o kit RNeasy (Qiagen). A transcrição reversa e a PCR foram efectuadas num único passo, utilizando o LightCycler RNA

Master SYBR Green I Kit (Roche Applied Science), de acordo com o protocolo do fabricante. A PCR foi efectuada utilizando um LightCycler da Roche. Os cálculos foram efectuados utilizando o software Roche LightCycler. As sequências de primers utilizadas para a PCR em tempo real foram as seguintes β-actina: forward 5'-CACAGGGGAGGTGATAGCAT- 3', reverse 5'- CACGAAGGCTCATCATTCAA -3'. ALAS1: forward 5'-CACACACCCCAGATGATGAA-3', reverse 5'-CCTGCAGAAGTTGCACTCAG - 3'. ALAS2: forward 5'-TGTCACCACCTATGCCTGAG - 3', reverse 5'-GGCACACACAACAAAGCAGAAG - 3'.

O conteúdo de mtDNA foi medido e comparado através da quantificação dos níveis do gene mitocondrial 16S rRNA e do gene nuclear GAPDH, utilizando PCR em tempo real, conforme descrito anteriormente (Pejznochova et al. 2010). As sequências de primers utilizadas foram as seguintes (5'-3'): GAPDH: forward TTCAACAGCGACACCCACT, reverse CCAGCCACTACCAGGAAAT. 16S rRNA: avanço CCAAACCCACTCCACCTTAC, inverso TCATCTTTCCCTTGCGGTA. A amplificação por PCR em tempo real foi efectuada utilizando o kit LightCycler FastStart DNA Master^{PLUS} SYBR Green I (Roche Applied Science), de acordo com o protocolo do fabricante. A amplificação por PCR em tempo real para cada amostra foi efectuada em tripletos. Os dados foram recolhidos e analisados utilizando o software LightCycler. Foi calculada a razão entre o ADN mitocondrial (16 rRNA) e o ADN nuclear (GAPDH).

Preparação de extractos de proteínas, Western blotting e microscopia de imunofluorescência

As células HBEC30KT e HCC4017 foram tratadas, recolhidas e lisadas utilizando o tampão RIPA (Cell Signaling Technology) contendo o cocktail de inibidores de proteases. Os xenoenxertos de tumores humanos foram mantidos e os lisados de xenoenxertos de tumores humanos foram preparados conforme descrito (Sullivan et al. 2010). As concentrações de proteínas foram determinadas utilizando o kit de ensaio BCA (Thermo Scientific). Cinquenta microgramas de proteína de cada condição de tratamento foram electroforizados em géis de poliacrilamida SDS a 9% e depois transferidos para a membrana Immuno-Blot PVDF (Bio-Rad). As membranas foram sondadas com anticorpos policlonais, seguindo-se a deteção com um kit de western blotting por quimioluminescência (Roche Diagnostics). Os sinais foram detectados utilizando uma estação de imagem Carestream 4000MM Pro e a quantificação foi efectuada utilizando o software de imagem molecular Carestream versão 5.0.5.30 (Carestream Health, Inc.). A coloração de imunofluorescência foi efectuada de acordo com os procedimentos fornecidos pelo fabricante do anticorpo. As imagens fluorescentes de FITC e DAPI foram captadas utilizando um microscópio fluorescente multicanal Zeiss Axio Observer.Zl. Os anticorpos policlonais anti-ALAS1 (sc-50531), anti-HRGl (sc-101957), anti-citocromo c (sc-7159), anti-citoglobina (sc-66855), anti-CYP1B1 (sc-32882), anti-Cox-2 (sc-7951) e anti-HCP1 (sc-134997) foram adquiridos à Santa Cruz Biotechnology. O anticorpo monoclonal anti-^-actina (4967) foi adquirido à Cell Signaling Technology.

Ensaios de formação de colónias e migração celular

Para o ensaio de formação de colónias, as células HCC4017 foram contadas e semeadas a uma densidade de 1000 células por poço em placas de 6 poços. As células foram tratadas sem ou com 0,5 mM de succinilacetona, succinilacetona + heme (10 µM), 10 uM de cianeto de carbonilo m-clorofenil-hidrazona (CCCP) ou 10 µM de protoporfirina IX de estanho (SnPP). O meio foi atualizado de quatro em quatro dias. Após 10-12 dias, as células foram fixadas em etanol a 70%, coradas com violeta cristal a 0,5%. As imagens foram adquiridas utilizando a HP Scanjet 8270.

Foi utilizado um ensaio de arranhões *in vitro* para examinar o efeito da deficiência de heme e heme na migração de células HCC4017, conforme descrito (Liang et al. 2007). Resumidamente, as células HCC4017 foram tratadas sem ou com 0,5 mM de succinilacetona, succinilacetona + heme (10 µM) ou 10 µM de protoporfirina IX de estanho (SnPP) durante 6 dias. Em seguida, as células foram tripsinizadas e semeadas em placas de cultura com 95% de confluência. As monocamadas foram raspadas com uma ponta de pipeta estéril de 200 µl e depois lavadas várias vezes com PBS para remover os detritos celulares. As células foram então mantidas nos meios correspondentes e a migração das células foi monitorizada com um microscópio. Foram captadas imagens representativas ao longo do risco em vários pontos temporais. Cada tratamento foi efectuado em triplicado.

RESULTADOS

As células NSCLC apresentam taxas intensificadas de consumo de oxigénio

Medimos e comparámos as taxas de consumo de glicose e de oxigénio num par de células epiteliais brônquicas normais e não malignas (HBEC30KT) e de NSCLC (HCC4017) (Ramirez et al. 2004; Whitehurst et al. 2007). A Tabela 2.1 mostra que as taxas de consumo de glicose e oxigénio nas células HCC4017 foram elevadas, com a elevação do consumo de oxigénio a aproximar-se de 2,5 vezes (Tabela 2.1). No entanto, o rácio entre o ADN mitocondrial e o ADN nuclear, medido conforme descrito (Pejznochova et al. 2008), não foi diferente entre as linhas celulares. Estes dados sugerem que, embora a função mitocondrial não esteja afetada, a respiração mitocondrial está substancialmente aumentada nas células NSCLC.

Quadro 2.1. As células cancerosas aumentam substancialmente as taxas de consumo de glicose e oxigénio*

Cell Line	Glu	O_2	mtDNA
HBEC30KT	10.9 ± 0.6	1.07 ± 0.18	0.63 ± 0.02
HCC4017	15.1 ± 1.0	2.47 ± 0.15	0.61 ± 0.02

*As taxas de captação de glicose e de consumo de oxigénio são apresentadas em nmol/min/10^6 células, enquanto o nível de ADN mitocondrial (ADNmt) é apresentado como o rácio do número de ciclos limiares do ADN mitocondrial em relação ao ADN nuclear, medido por PCR em tempo real.

A taxa de biossíntese do heme e os níveis de expressão das enzimas biossintéticas do heme estão significativamente aumentados nas células do cancro do pulmão

O heme funciona como um grupo protético em muitas proteínas e enzimas que transportam, , armazenam e utilizam o oxigénio e pode regular diretamente muitos processos envolvidos no metabolismo do oxigénio (Padmanaban et al. 1989; Mense e Zhang 2006). Por conseguinte, considerámos que o aumento do consumo de oxigénio nas células de CPNPC pode ser atribuído a níveis mais elevados de heme e hemoproteínas. Para testar essa possibilidade, primeiro e comparamos os níveis de síntese de heme em células normais e de CPNPC. Verificámos que a taxa de síntese de heme estava significativamente aumentada nas células HCC4017 de NSCLC, em comparação com as células HBEC30KT normais (Figura 2.1A). O potente inibidor da síntese de heme, a succinilacetona (SA) (Zhu et al. 2002; De Matteis e Marks 1983), inibiu a síntese de heme nas células normais e de CPNPC, como esperado. A succinilacetona demonstrou anteriormente ser um inibidor específico e potente da síntese de heme em diversas células, desde células HeLa, células PC12 a células neuronais primárias de ratinho (Ye e Zhang 2004; Yao et al. 2010; Sengupta et al. 2005; Chernova et al. 2006; Chernova et al. 2007; Yin et al. 2007). Curiosamente, o desacoplador mitocondrial CCCP (cianeto de carbonilo meta-clorofenil-hidrazona) também reduziu a taxa de síntese de heme, embora em menor grau (Figura 2.1A). A CCCP desacopla a fosforilação oxidativa da produção de ATP nas mitocôndrias (Wallace e Starkov 2000). Uma vez que a taxa de consumo de oxigénio é muito elevada, em comparação com o que é necessário para a biossíntese do heme (Tabela 2.1), a quantidade de oxigénio utilizada para a biossíntese do heme é negligenciável (Andrew et al. 1990).

Em seguida, medimos o nível de expressão de ALAS1 (ácido 5-aminolevulínico sintase 1), que é a enzima limitadora da taxa de síntese de heme em células não eritróides, incluindo células pulmonares (Anderson et al. 2009). Inicialmente, medimos os níveis de transcrição de ALAS1 em células normais e de CPNPC utilizando RT-PCR em tempo real. A Figura 2.1B mostra que o nível de transcrição do gene ALAS1 não eritroide estava efetivamente aumentado nas células cancerígenas. Tal como esperado em estudos anteriores [(Anderson et al. 2001; Zhang e Sessoms 2011) e respectivas referências], a inibição da atividade de ALAS por succinilacetona causou a indução de ALAS1 tanto em células cancerosas como em células normais, embora a extensão da indução parecesse ser maior nas células cancerosas. Pensa-se que o gene ALAS2, específico dos eritróides, não é expresso em células pulmonares normais; no entanto, os dados fornecidos pelo Human Protein Atlas (www.proteinatlas.org) sugerem que o ALAS2 é expresso em 16% dos tecidos de cancro do pulmão. Por conseguinte, medimos também o nível de transcrição de ALAS2 nas células pulmonares (Figura 2.1C). De facto, o nível de transcrição de ALAS2 aumentou quase cinco vezes nas células HCC4017. A succinilacetona não teve um efeito mensurável no nível de ALAS2, como esperado, porque a expressão de ALAS2, ao contrário de ALAS1, não é regulada pelo nível de heme (Anderson et al. 2001). Confirmámos ainda o aumento do nível da proteína ALAS em células cancerígenas versus células normais. A Figura 2.1D mostra que o nível da proteína ALAS1 foi significativamente aumentado nas células cancerígenas, e foi ainda mais aumentado pela succinilacetona. Este facto é consistente com estudos anteriores que demonstram que o heme pode regular negativamente a ALAS1 a nível transcricional e pós-transcricional (Anderson et al. 2001; Zhang e Sessoms 2011). Não foi possível detetar a proteína ALAS2, talvez devido ao seu baixo nível nas células pulmonares. Embora o seu nível de transcrição seja detectado em células de cancro do pulmão, o seu nível parece ser significativamente inferior ao da ALAS 1.

Os níveis das proteínas de captação de heme HCP1 e HRG1 e das hemoproteínas utilizadoras de oxigénio estão aumentados nas células do cancro do pulmão

Para determinar a função do heme nas células NSCLC, comparámos os níveis de dois transportadores de heme HCP1 (proteína transportadora de heme 1) e HRG1 (gene responsivo ao heme 1) (Latunde-Dada et al. 2006; Rajagopal et al. 2008). Estas proteínas são expressas e estão envolvidas na captação de heme em várias células não polarizadas (Rajagopal et al. 2008; Khan e Quigley 2011; Dang et al. 2009; Shayeghi et al. 2005). Verificámos que os níveis de HCP1 e HRG1 estavam dramaticamente aumentados nas células HCC4017, em comparação com as células normais (Figura 2.2A & 2.2B). A inibição da síntese de heme por succinilacetona não afectou significativamente os níveis de HCP1 e HRG1, o que é consistente com resultados anteriores em células de mamíferos (Khan e Quigley 2011).

O aumento das proteínas de captação de heme HCP1 e HRG1 pode fornecer heme adicional para a produção de hemoproteínas. Assim, detectámos os níveis de várias hemoproteínas envolvidas no transporte e utilização de oxigénio. A citoglobina é uma hemoproteína expressa em fibroblastos e provavelmente facilita o transporte e a utilização do oxigénio (Burmester et al. 2002; Trent e Hargrove 2002). Nas células epiteliais pulmonares normais, a citoglobina não foi detectada, mas foi expressa de forma robusta nas células HCC4017 (Figura 2.3A). Do mesmo modo, os níveis de três outras hemoproteínas envolvidas na utilização do oxigénio, citocromo c, CYP1B1 e Cox-2, também foram significativamente aumentados (Figura 2.3B-2.3D).

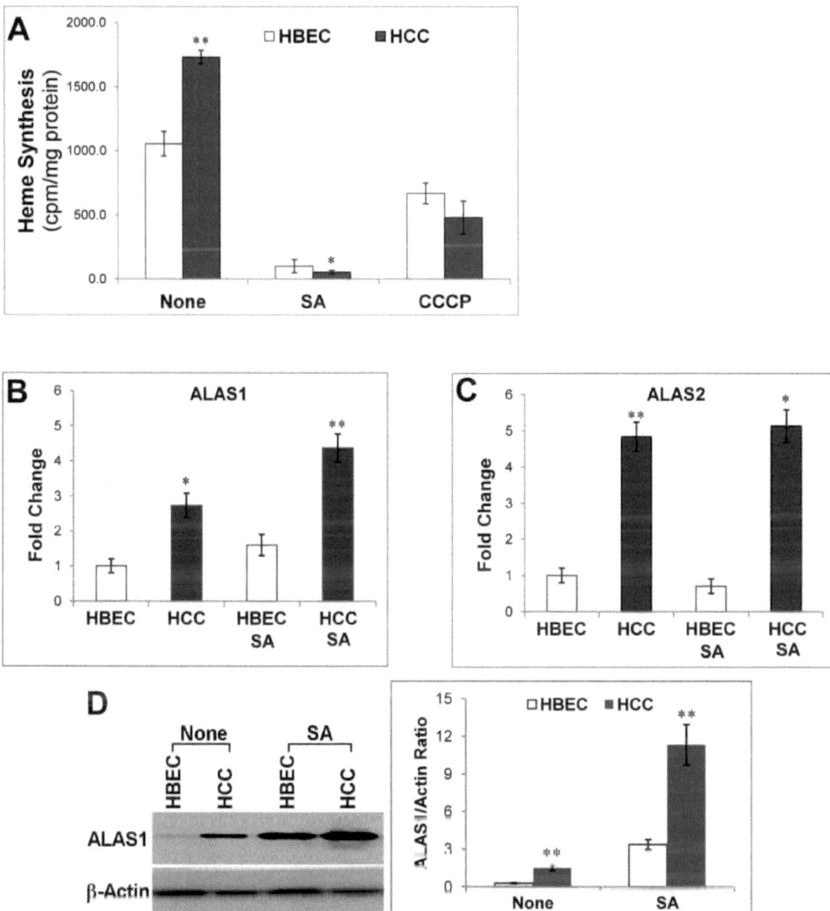

Figura 2.1. Os níveis da biossíntese do heme e das enzimas biossintéticas do heme estão aumentados nas células cancerosas do pulmão. As células epiteliais normais do pulmão HBEC30KT (HBEC) e as células NSCLC HCC4017 (HCC) foram cultivadas e o ARN e as proteínas foram extraídos. Os níveis de transcrição foram detectados por RT-PCR quantitativo em tempo real e os níveis de proteína foram detectados por Western blotting. (A) Os níveis de biossíntese de heme em células normais e de NSCLC. (B) O nível de transcrição da enzima biossintética do heme ALAS1 em células normais e de CPNPC. (C) O nível de transcrição da enzima biossintética do heme ALAS2 em células normais e de CPNPC. (D) O nível de p rotein da enzima biossintética do heme ALAS1 em células normais e

de CPNPC. O nível de proteína da P-actina nas amostras foi utilizado para normalização. Para a análise estatística, os níveis nas células cancerosas foram comparados com os níveis nas células normais, utilizando o teste t de Welch de 2 amostras. *, valor de $p < 0,05$; **, valor de $p < 0,005$. ($n \geq 3$).

Evidentemente, enquanto os níveis de citoglobina e de citocromo c foram reduzidos quando o fornecimento intracelular de heme foi diminuído através da cultura de células em meio depletado de heme e através do tratamento com o inibidor da síntese de heme succinil acetona, afetado pelos níveis de heme, os níveis de CYP1B1 e Cox-2 não o foram. Este facto pode ser atribuído aos diferentes mecanismos que regem a regulação destas proteínas. Talvez o heme regule diretamente a expressão da citoglobina e do citocromo c, enquanto um mecanismo independente do heme contribui para o aumento dos níveis de CYP1B1 e Cox-2 nas células cancerígenas. Em alternativa, o heme pode regular a expressão da CYP1B1 e da Cox-2, mas a concentração reguladora do heme pode ser muito inferior à da expressão da citoglobina e do citocromo c. Assim, o nível mais baixo de heme nas células tratadas com succinilacetona pode reduzir os níveis de citoglobina e de citocromo c, mas não de CYP1B1 e de Cox-2.

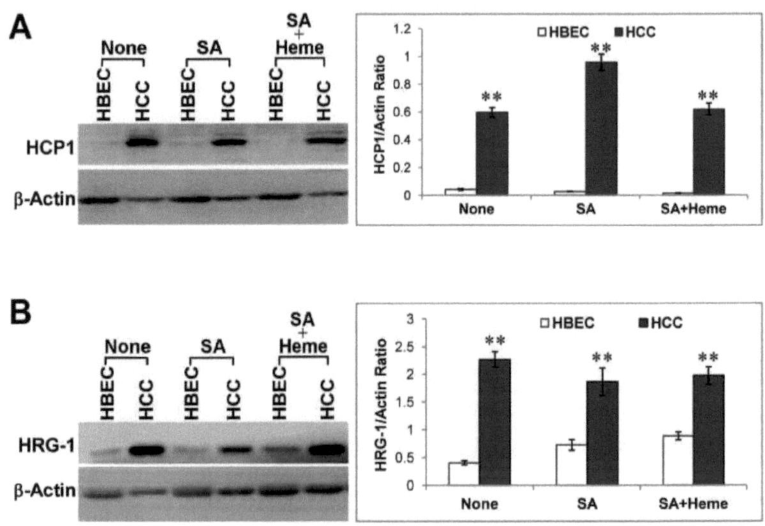

Figura 2.2. Os níveis dos transportadores de heme envolvidos na captação de heme estão aumentados nas células de cancro do pulmão. As células epiteliais normais do pulmão HBEC30KT (HBEC) e NSCLC HCC4017 (HCC) foram cultivadas e tratadas conforme indicado. Foram preparados extractos de proteínas e os níveis de HCP1 e HRG1 foram detectados por Western blotting. O nível proteico de β-actina nas amostras foi utilizado para normalização. (A) O nível proteico do transportador de heme HCP1 em células normais e de NSCLC. (B) O nível proteico do transportador

de heme HRG1 em células normais e de NSCLC. Para a análise estatística, os níveis nas células cancerosas foram comparados com os níveis nas células normais, utilizando o teste t de Welch de 2 amostras. **, valor de $p < 0,005$. ($n \geq 3$)

O efeito da redução do fornecimento intracelular de heme nestas proteínas também pode ser observado através da coloração por imunofluorescência. Por exemplo, a Figura 2.4A mostra que a ALAS 1 apresentou um padrão de localização mitocondrial, particularmente quando o seu nível foi aumentado em células tratadas com succinilacetona. Quando a fluorescência de fundo era baixa no painel SA (Figura 2.4A), a fluorescência FITC colocalizava claramente com a fluorescência do MitoTracker, e o padrão mitocondrial n era muito mais claro. O padrão no painel "Nenhum" é menos nítido, provavelmente devido à fluorescência de fundo causada pelo nível inferior de ALAS1 e pela coloração de fundo do anticorpo. A Figura 2.4B mostra que o citocromo c exibiu um padrão de localização mitocondrial, mas o seu nível foi reduzido nas células tratadas com succinilacetona e a sua localização mitocondrial também foi enfraquecida. Os resultados da coloração por imunofluorescência indireta são consistentes com os resultados do western blotting. Em conjunto, estes resultados mostram que o aumento da síntese e da captação de heme está associado ao aumento da produção de várias hemoproteínas que utilizam oxigénio nas células cancerígenas.

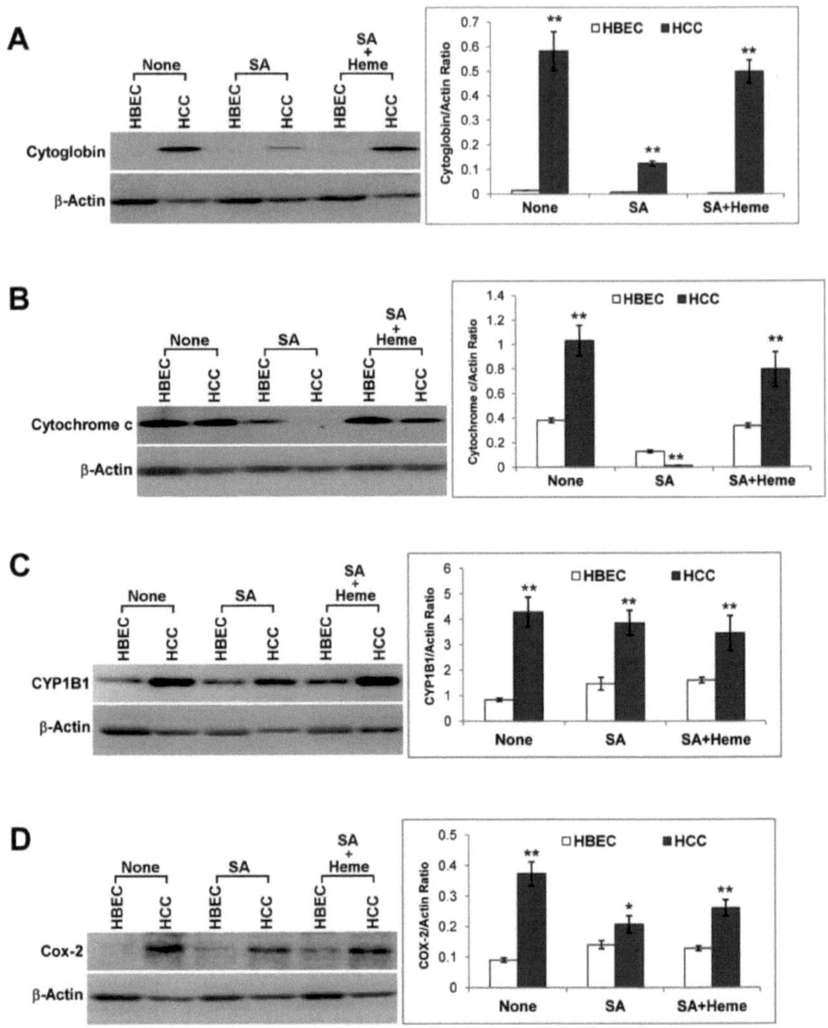

Figura 2.3. Os níveis de hemoproteínas que utilizam oxigénio estão aumentados nas células de cancro do pulmão. As células epiteliais normais do pulmão HBEC30KT (HBEC) e NSCLC HCC4017 (HCC) foram cultivadas e tratadas conforme indicado. Foram preparados extractos de proteínas e os níveis de hemoproteínas foram detectados por western blotting. O nível de proteína da β-actina foi utilizado para normalização. (A) O nível proteico da citoglobina em células normais e de NSCLC. (B) O nível proteico do citocromo c em células normais e de CPNPC. (C) O nível proteico de CYP1B1 em células normais e de NSCLC. (D) O nível proteico de Cox-2 em células normais e de CPNPC. Para a análise estatística, os níveis nas células cancerosas foram comparados com os níveis nas células normais, utilizando o teste t de Welch de 2 amostras. *, valor de $p < 0{,}05$; **, valor de $p < 0{,}005$. ($n \geq 3$)

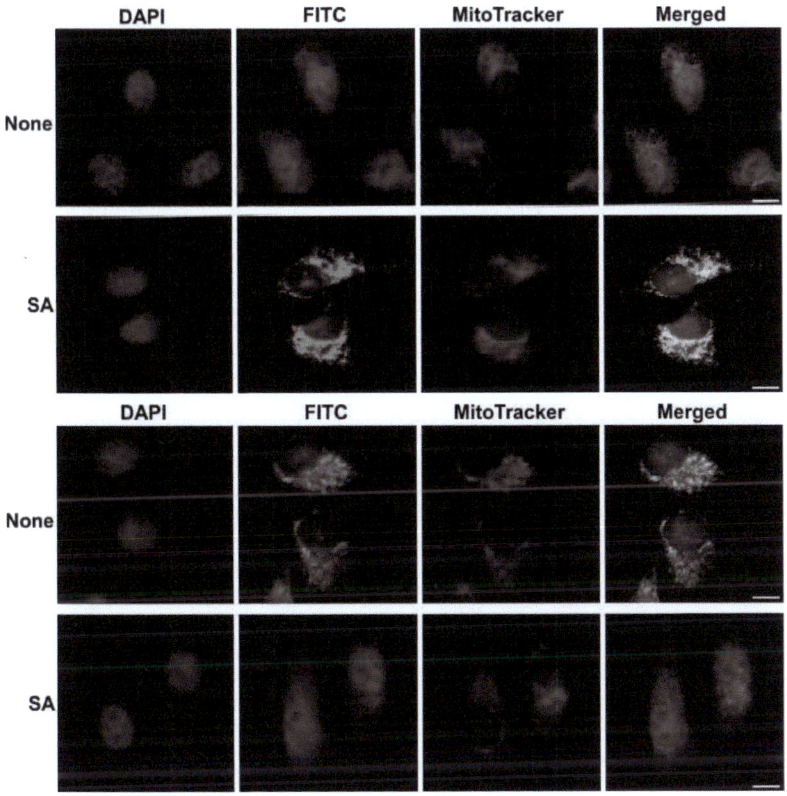

Figura 2.4. O efeito da redução da disponibilidade de heme nas proteínas mitocondriais ALAS1 (A) e citocromo c (B). As células NSCLC HCC4017 (HCC) foram cultivadas em meio normal (nenhum) ou em meio depletado de heme contendo 0,5 mM de succinilacetona (SA). As células foram coradas primeiro com anticorpos anti-ALAS1 ou anti-citocromo c e depois com anticorpo secundário anti-coelho de cabra conjugado com FITC, MitoTracker, bem como DAPI. As imagens fluorescentes de FITC, MitoTracker e DAPI foram capturadas e são mostradas aqui. A barra de escala indica 10 µm.

Os níveis da enzima biossintética de heme ALAS, das proteínas de captação de heme HCP1 e HRG1 e das hemoproteínas utilizadoras de oxigénio estão aumentados em vários xenoenxertos de tumores humanos

Para determinar se o aumento da enzima biossintética ALAS, limitadora da taxa de heme, das proteínas de captação de heme e de várias hemoproteínas utilizadoras de oxigénio ocorre em tumores pulmonares, avaliámos os níveis destas proteínas em cinco xenoenxertos tumorais humanos diferentes (Figura 2.5). A Figura 2.5A mostra que, em todos os tumores xenoenxertados, a proteína ALAS1 foi expressa em níveis comparáveis aos das células HCC4017, mas significativamente superiores aos das células HBEC30KT normais (ver Figura 2.1D). Do mesmo modo, os níveis dos transportadores de heme HCP1 (Figura 2.5B) e HRG1 (Figura 2.5C) estavam elevados nos tumores de xenoenxerto. Os níveis de citoglobina (Figura 2.5D) e do citocromo P450 CYP1B1 (Figura 2.5E), proteínas que contêm heme e que se ligam ao oxigénio, também foram aumentados nos tumores. Estes resultados mostram que a síntese e a captação de heme e a síntese de hemoproteínas utilizadoras de oxigénio aumentadas ocorrem em diversas células e tumores pulmonares.

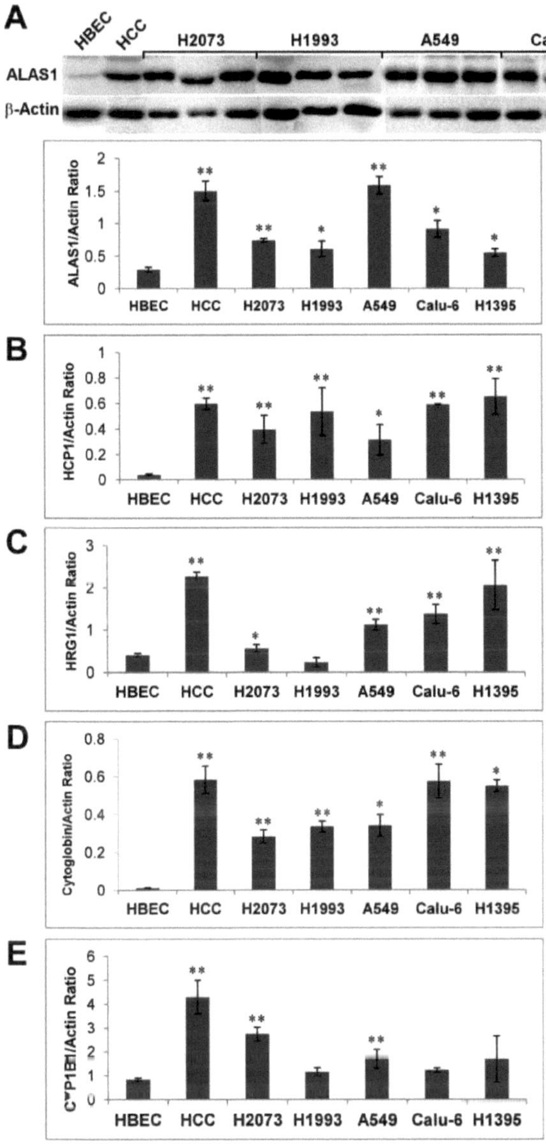

Figura 2.5. Os níveis de enzimas biossintéticas de heme, transportadores de heme e hemoproteínas que utilizam oxigénio estão elevados em vários xenoenxertos tumorais humanos. Foram preparados lisados dos xenoenxertos tumorais humanos indicados e os níveis das proteínas indicadas foram detectados por Western blotting. O nível de proteína da β-actina foi utilizado para normalização. (A) O nível proteico de ALAS1 em células HCC4017 e em vários xenoenxertos de tumores humanos. (B) O nível proteico de HCP1 em HCC4017 e em vários xenoenxertos de tumores humanos. (C) O nível proteico de HRG1 em células HCC4017 e em vários xenoenxertos de tumores humanos. (D) O nível proteico da citoglobina nas células HCC4017 e em vários xenoenxertos de tumores humanos. (E) O nível proteico de CYP1B1 em células HCC4017 e em vários xenoenxertos de tumores humanos. Para

a análise estatística, os níveis nas células HCC4017 e nos tumores foram comparados com os níveis nas células normais, utilizando o teste t de Welch de 2 amostras. *, valor de $p < 0,05$; **, valor de $p < 0,005$. ($n \geq 3$)

A redução da disponibilidade de heme para as células NSCLC suprime preferencialmente o consumo de oxigénio

O aumento da síntese de hemoproteínas que utilizam oxigénio pode provavelmente contribuir para a intensificação do consumo de oxigénio nas células cancerosas. Para testar esta ideia, examinámos o efeito da depleção de heme na taxa de consumo de oxigénio em células cancerígenas e células pulmonares normais. Verificámos que o consumo de oxigénio nas células NSCLC foi seletivamente reduzido quando as células foram cultivadas em meio com depleção de heme (ver Figura 2.6, HD). Em contraste, a depleção de heme no meio não afectou o consumo de oxigénio nas células normais. A inibição da síntese endógena de heme por succinilacetona (HD + SA, Figura 2.6) reduziu ainda mais o consumo de oxigénio nas células cancerosas para um nível semelhante ao das células tratadas com o desacoplador mitocondrial CCCP. A succinilacetona também teve um efeito menor nas células normais (Figura 2.6). Evidentemente, a inibição da heme oxigenase, a enzima envolvida na degradação do heme, pela protoporfirina de estanho (SnPP, Figura 2.6) não afectou preferencialmente as células cancerosas. De notar que estes tratamentos têm os mesmos efeitos nas células A549 do carcinoma do pulmão (não mostrado). Estes resultados mostram que um amplo fornecimento de heme é crucial para manter o consumo de oxigénio nas células NSCLC a uma taxa mais elevada do que nas células normais. Sugerem ainda que a síntese e a captação aumentadas de heme são necessárias para o aumento do consumo de oxigénio nas células NSCLC.

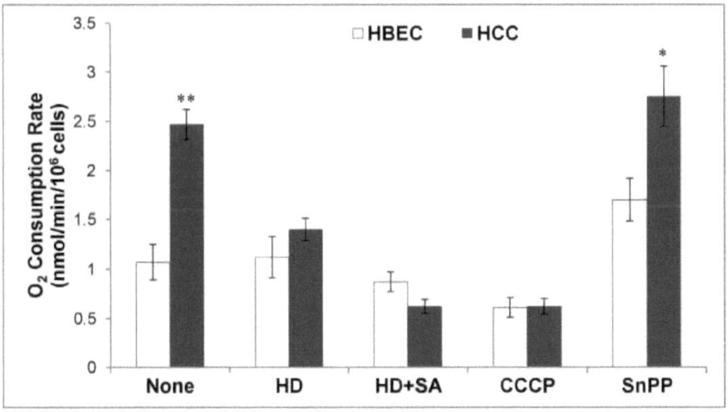

Figura 2.6. A redução da disponibilidade de heme suprime a taxa intensificada de consumo de oxigénio nas células de cancro do pulmão. As células epiteliais pulmonares normais HBEC30KT (HBEC) e NSCLC HCC4017 (HCC) foram cultivadas e tratadas em meio normal (Nenhum), em meio com depleção de heme (HD), em meio com depleção de heme e succinilacetona (HD+SA) e em meio com CCCP. As células foram recolhidas e as taxas de consumo de oxigénio foram detectadas e aqui representadas. Os valores apresentados são as médias de pelo menos três experiências. Para a análise estatística, os níveis nas células cancerosas foram comparados com os níveis nas células normais, utilizando o teste t de Welch de 2 amostras. *, valor de $p < 0,05$; **, valor de $p < 0,005$. ($n \geq 3$)

A inibição da síntese de heme e da função mitocondrial suprime fortemente a proliferação, formação de colónias e migração das células NSCLC

Para avaliar o efeito da inibição da síntese de heme e da função mitocondrial na proliferação de células cancerígenas e na d função, examinámos a taxa de crescimento do cancro do pulmão, a formação de colónias e a migração. A Figura 2.7A mostra que a inibição da síntese de heme interrompeu o crescimento das células cancerosas HCC4017 de forma mais grave do que as células normais HBEC30KT. Do mesmo modo, o desacoplador mitocondrial CCCP interrompeu o crescimento das células HCC4017 de forma mais grave do que as células HBEC30KT (Figura 2.7A). Em contrapartida, a inibição da degradação do heme pelo SnPP não afectou seletivamente a proliferação das células HCC4017. Os mesmos efeitos foram observados quando medimos a formação de colónias de HCC4017. Como se mostra na Figura 2.7B, tanto a succinilacetona como o CCCP pararam completamente a formação de colónias de células cancerígenas. A adição de heme reverteu em grande parte o efeito da inibição da síntese de heme. Como era de esperar, a inibição da degradação do heme pelo protoporfirina de estanho em IX (SnPP) não afectou consideravelmente a formação de colónias de células cancerosas. Além disso, examinámos o efeito da inibição da biossíntese e da absorção de heme na migração das células HCC4017. A migração das células HCC4017 foi substancialmente inibida em meio com heme depletado e com succinilacetona (Figura 2.7C). A adição de heme inverte a inibição da migração. Também tentámos examinar o efeito da inibição das enzimas biossintéticas do heme nas células de cancro do pulmão utilizando shRNAs que foram utilizados para inibir a biossíntese do heme em células HeLa (Yao et al. 2010). No entanto, não foi possível obter clones que apresentassem níveis mais baixos de biossíntese de heme, provavelmente porque as células HCC4017 têm uma maior procura de níveis mais elevados de heme, pelo que a redução da biossíntese de heme diminuiria a sua sobrevivência. Estes resultados mostram que a inibição da disponibilidade e função do heme diminui significativamente a proliferação, formação de colónias e migração das células cancerígenas.

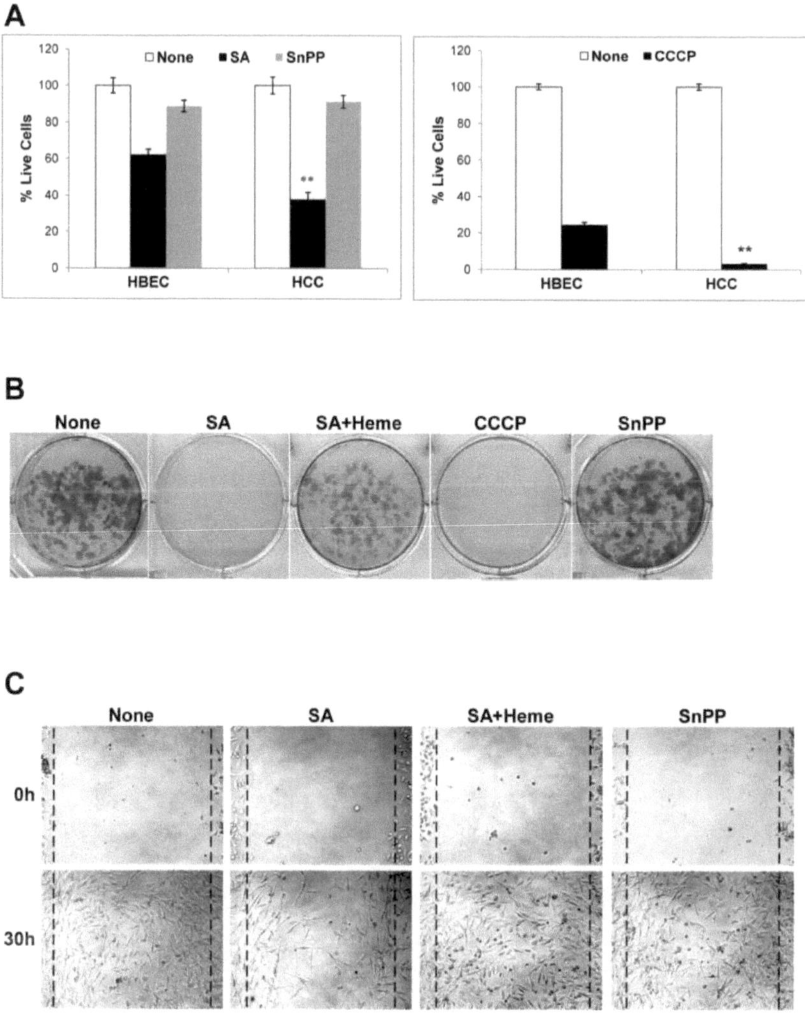

Figura 2.7. A redução da disponibilidade de heme suprime a proliferação, formação de colónias e migração das células do cancro do pulmão. As células tratadas com succinilacetona também foram mantidas em meio com depleção de heme. (A) A redução da disponibilidade de heme ou da função mitocondrial pref reduz essencialmente a proliferação de células cancerígenas NSCLC. A % de células vivas foi calculada dividindo o número de células tratadas pelo número de células não tratadas (semeadas com o mesmo número de células). Mostra as taxas de proliferação relativas das células tratadas (SA ou SnPP) vs. células não tratadas (Nenhuma). (B) A redução da disponibilidade de heme ou da função mitocondrial reduz preferencialmente a formação de colónias de células NSCLC. (C) A redução da disponibilidade de heme reduz preferencialmente a migração das células NSCLC. Para a análise estatística, os níveis nas células cancerígenas foram comparados com os níveis nas células normais, utilizando o teste t de Welch de 2 amostras. **, valor de $p < 0,005$. ($n \geq 3$)

DISCUSSÃO

Embora muitas células cancerosas apresentem um aumento da glicólise para a produção de energia na presença de oxigénio (Warburg 1930; Dang 2009), dados experimentais emergentes mostram que a respiração mitocondrial é crucial na bioenergética de uma série de células cancerosas (Jose et al. 2011). Por exemplo, as células do cancro da mama podem gerar 80% do seu ATP através da respiração mitocondrial (Guppy et al. 2002). Verificou-se que várias linhas celulares de glioma são altamente dependentes da respiração mitocondrial para a produção de ATP (Griguer et al. 2005). Do mesmo modo, uma série de linhas de células cancerosas humanas e de ratinho, incluindo HL60, HeLa, 143B e U937, utilizam o metabolismo e a respiração do oxigénio para apoiar o seu crescimento (Herst 2007). Mesmo sob hipoxia, a respiração mitocondrial pode gerar cerca de 40% da energia celular nas células cancerígenas (Frezza et al. 2011). Neste relatório, ao utilizar um par de linhas celulares que representam células HBEC normais e não malignas e células NSCLC desenvolvidas a partir do mesmo doente, comparámos diretamente as taxas de consumo de oxigénio em células normais e cancerígenas. Os nossos dados mostram que o consumo de oxigénio e a respiração mitocondrial são intensificados nas células cancerosas. Isto reforça a ideia de que a respiração mitocondrial pode ser crucial para a bioenergética das células cancerosas.

É importante salientar que os nossos dados mostram que as células cancerígenas apresentam uma síntese, captação e incorporação elevadas de heme em hemoproteínas que utilizam oxigénio. O aumento do fluxo de heme e a síntese de hemoproteínas são provavelmente necessários para o consumo intensificado de oxigénio, porque a limitação da síntese e da captação de heme reduziu o consumo de oxigénio ao mesmo nível que a inibição da função mitocondrial (Figura 2.6). Os nossos dados também mostram que os níveis da enzima biossintética de heme limitadora da taxa ALAS e dos transportadores de heme HCP1 e HRG1, que estão provavelmente envolvidos na captação de heme (Rajagopal et al. 2008; Khan e Quigley 2011; Dang et al. 2009; Shayeghi et al. 2005), estavam fortemente aumentados nas células NSCLC (Figuras 2.1 e 2.2). Além disso, mostramos que várias hemoproteínas representativas envolvidas no transporte e utilização de oxigénio foram reguladas positivamente nas células NSCLC (Figuras 2.3 e 2.5). Estas incluem a citoglobina (Burmes ter et al. 2002; Trent e Hargrove 2002), que pode transportar oxigénio; o citocromo c, que representa hemoproteínas nos complexos da cadeia respiratória mitocondrial; CYP1B1, que é uma enzima do citocromo P450; e Cox-2, uma ciclo-oxigenase. Sabe-se que o heme estimula a síntese de muitas hemoproteínas (Padmanaban et al. 1989; Zhang 2011), embora em graus variáveis, como mostra a Figura 2.3. O aumento da síntese e da captação de heme nas células cancerosas aumentaria presumivelmente a síntese de hemoproteínas, como mostramos aqui.

É logicamente de esperar que o aumento dos níveis de hemoproteínas utilizadoras de oxigénio provoque um aumento do consumo de oxigénio nas células cancerosas. Inversamente, a inibição da síntese e da captação de heme suprimiria o consumo de oxigénio. A supressão do consumo de oxigénio e da respiração mitocondrial resultaria numa diminuição do fornecimento de energia celular, inibindo a proliferação, migração e formação de colónias das células cancerosas. Esta linha de raciocínio é apoiada pelos dados que mostram que o consumo de oxigénio aumenta nas células cancerosas e é suprimido para um nível semelhante ou inferior ao das células normais através da redução da captação e da síntese de heme (Figura 2.6). Além disso, os nossos dados também mostram que a redução do heme intracelular também inibiu a proliferação celular, a formação de colónias e a migração celular (Figura 2.7). Embora a síntese de heme necessite de oxigénio, o nível intracelular de heme e a síntese de heme são muito baixos (menos de 0,1 micromolar) (Ryter e Tyrrell 2000; Sassa 2004) em comparação com o consumo de oxigénio (ver também Quadro 2.1). Por conseguinte, o aumento da síntese de heme por si só não pode explicar qualquer aumento do consumo de oxigénio nas células NSCLC. Em resumo, os nossos dados mostram que o aumento da síntese e da captação de heme nas células de CPNPC conduz a níveis mais elevados de hemoproteínas utilizadoras de oxigénio, o que provoca um aumento do consumo de oxigénio, da produção de energia celular e da biossíntese, impulsionando assim a proliferação, migração e formação de colónias de células cancerígenas. Além disso, verificámos que a inibição da heme oxigenase não afectou seletivamente o consumo de oxigénio, a proliferação ou a formação de colónias pelas células NSCLC (Figuras 2.6 e 2.7). Embora um estudo anterior (Frezza et al. 2011) tenha demonstrado que a heme oxigenase está envolvida no desenvolvimento da leiomiomatose hereditária e do cancro das células renais (HLRCC), os nossos dados mostram que não desempenha um papel importante no cancro do pulmão. Por conseguinte, é provável que, para a progressão das células NSCLC, um nível mais elevado de heme per se e uma função heme melhorada, e não os produtos de degradação do heme, sejam factores de promoção fundamentais.

O aumento das proteínas biossintéticas e de captação do heme e de outras hemoproteínas que utilizam o oxigénio é observado numa série de xenoenxertos tumorais humanos (Figura 2.4), com diferentes fenótipos e sensibilidades aos medicamentos. Isto mostra que o aumento do heme e das hemoproteínas é uma caraterística geral das células do cancro do pulmão. Este facto pode ter implicações importantes no tratamento dos cancros do pulmão. É interessante notar que o Km das enzimas biossintéticas do heme e das mitocôndrias para o oxigénio é muito baixo (menos de 1 iiM, cerca de 0,1% de saturação de oxigénio) (Andrew et al. 1990; Chance 1965; Labbe-Bois e Labbe 1990). Este valor é inferior aos níveis de oxigénio registados pelas células humanas em hipoxia. Assim, tanto a síntese de heme como a respiração mitocondrial podem ser mantidas a níveis significativos sob hipoxia. De facto, foi isto que se observou nas células cancerosas (Frezza et al. 2011). Muito provavelmente, o aumento da expressão de hemoproteínas nas células cancerosas promove ainda mais a ligação e a metabolização do oxigénio por várias enzimas. Os nossos dados mostram que o aumento da função heme e o consumo de oxigénio são provavelmente um mecanismo importante que contribui para a progressão das células de cancro do pulmão. Este mecanismo pode não se limitar apenas às células NSCLC. Diferentes células cancerosas adquiriram diferentes formas de obter energia celular. Por exemplo, as células do glioma são altamente dependentes da glicólise, enquanto as células do cancro da mama geram até 80% de ATP a partir da fosforilação oxidativa/respiração mitocondrial (Jose et al. 2011; Guppy et al. 2002; Griguer et al. 2005). O aumento da função do heme e do consumo de oxigénio é provavelmente um mecanismo que contribui para a progressão destas células cancerígenas da mama. Para estas células cancerosas, o heme pode constituir um potencial alvo aplicável tanto a regiões hipóxicas como não hipóxicas dos tumores.

A função do heme pode diminuir a respiração mitocondrial e a produção de energia, bem como outros processos celulares que controlam a função das células cancerosas. Estudos experimentais realizados na última década demonstraram que o heme pode ligar-se diretamente e controlar as actividades de uma vasta gama de reguladores celulares, como o fator de transcrição Bachl (Ogawa et al. 2001), a quinase eIF2α regulada pelo heme (Chen e London 1995; de Haro et al. 1996), a via de sinalização ras-ERK (Zhu et al. 2002) e o fator essencial de processamento de miRNA DGCR8 (Faller et al. 2007). Por conseguinte, a diminuição dos níveis intracelulares de heme pode suprimir a produção de energia e outros processos celulares cruciais para a progressão das células cancerígenas. Assim, visar a função heme pode constituir uma forma eficaz de combater os cancros do pulmão, para os quais os agentes quimioterapêuticos atualmente disponíveis são sobretudo paliativos (Escobar et al. 2011; Sangodkar et al. 2010).

CONCLUSÕES

O nosso estudo comparativo de células normais e de células NSCLC e a análise de tumores xenoenxertados humanos revelam uma alteração bioenergética fundamental nas células cancerígenas do pulmão. Evidentemente, nas células cancerosas, os níveis da enzima biossintética de heme limitadora da taxa ALAS e das proteínas de captação de heme HCP1 e HRG1 estão fortemente aumentados (Figura 2.8). O aumento da disponibilidade de um componente-chave, o heme, pode levar a um aumento dos níveis de uma série de hemoproteínas utilizadoras de oxigénio nas mitocôndrias, bem como noutros compartimentos celulares (Figura 2.8). O aumento destas proteínas e enzimas permite que as células cancerosas intensifiquem a respiração mitocondrial e o consumo de oxigénio, gerando assim uma ampla energia celular para alimentar a progressão das células cancerosas. A supressão da disponibilidade de heme, tal como a inibição da respiração mitocondrial, impede a progressão das células cancerosas. Estes resultados sugerem que a função do heme e a respiração mitocondrial são factores-chave na progressão das células do cancro do pulmão. Proporcionam uma base para estudos futuros destinados a compreender a bioenergética em células cancerígenas avançadas e a conceber novas terapêuticas contra o cancro, visando o heme e a função mitocondrial.

Figure 8

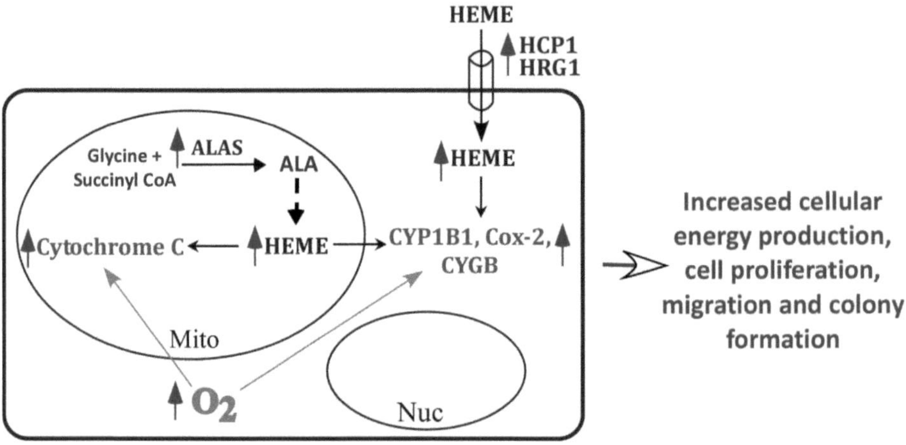

Figura 2.8. Cartoon que ilustra as principais alterações bioenergéticas nas células NSCLC. As células cancerosas apresentam níveis de expressão mais elevados da enzima biossintética do heme, a 5-aminolevulinic acid synthase (ALAS), e das proteínas de captação de heme HCP1 e HRG1. Como tal, a disponibilidade de heme nas células cancerosas aumenta substancialmente, levando a um aumento da produção e dos níveis de várias hemoproteínas utilizadoras de oxigénio, como o citocromo c, a citoglobina, a Cox-2 e o citocromo P450. O aumento destas hemoproteínas leva, em última análise, à intensificação do consumo de oxigénio e à produção de energia celular através da respiração. Isto, por sua vez, provoca um aumento da produção de energia celular, da proliferação celular, da migração e da formação de colónias.

REFERÊNCIAS

Anastasiou D, Poulogiannis G, Asara JM, Boxer MB, Jiang JK, et al. (2011) A inibição da piruvato quinase M2 por espécies reactivas de oxigénio contribui para as respostas antioxidantes celulares. Science 334: 1278-83.

Anderson KE, Sassa S, Bishop DF, Desnick RJ (2001) Disorders of heme biosynthesis: Anemia sideroblástica ligada ao X e as porfírias. In: The metabolic and molecular bases of inherited disease, CR Scriver, AL Beaudt, WS Sly, D Valle, C Barton, KW Kinzler, B Vogelstein, editores. New York: The McGraw-Hill Companies, Inc. pp. 2991-3062.

Anderson KE, Sassa S, Bishop DF, Desnick RJ. (2009) Distúrbios da biossíntese do heme: Anemia sideroblástica ligada ao X e as porfírias. In: The metabolic and molecular bases of inherited disease, CR Scriver, AL Beaudt, WS Sly, D Valle, C Barton, KW Kinzler, B Vogelstein, editores. New York: The McGraw-Hill Companies, Inc. pp. Capítulo 124: 1-53.

Andrew TL, Riley PG, Dailey HA. (1990) Regulation of heme biosynthesis in higher animals. In: Biosynthesis of heme and cholorophylls, HA Dailey, editores. New York: Green Pub. Associates e Wiley-Interscience. pp. 183-232.

Birsoy K, Sabatini DM, Possemato R. (2012) Untuning the tumor metabolic machine: Visando o metabolismo do cancro: uma lição de cabeceira. Nat Med 18: 1022-3.

Bonuccelli G, Tsirigos A, Whitaker-Menezes D, Pavlides S, Pestell RG, et al. (2010) Ketones and lactate "fuel" tumor growth and metastasis: Evidence that epitheli al cancer cells use oxidative mitochondrial metabolism. Cell Cycle 9: 3506-14.

Burmester T, Ebner B, Weich B, Hankeln T. (2002) Cytoglobin: a novel globin type ubiquitously expressed in vertebrate tissues. Mol Biol Evol 19: 416-21.

Chance B. (1965) Reaction of oxygen with the respiratory chain in cells and tissues (Reação do oxigénio com a cadeia respiratória em células e tecidos). J Gen Physiol 49: Suppl:163-95.

Chen JJ, London IM. (1995) Regulation of protein synthesis by heme-regulated eIF-2 alpha kinase. Trends Biochem Sci 20: 105-8.

Chernova T, Nicotera P, Smith AG. (2006) A deficiência de Heme está associada à senescência e causa a supressão da expressão das subunidades do recetor N-metil-D-aspartato em neurónios corticais primários. Mol Pharmacol 69: 697-705.

Chernova T, Steinert JR, Guerin CJ, Nicotera P, Forsythe ID, et al. (2007) Degenerescência dos neuritos induzida por deficiência de heme mediada pela inibição da ativação da quinase 1/2 regulada por sinal extracelular dependente do recetor NMDA. J Neurosci 27: 8475-85.

Dang CV. (2009) A fosforilação da tirosina PKM2 e o metabolismo da glutamina sinalizam uma visão diferente do efeito Warburg. Sci Signal 2: pe75.

Dang TN, Bishop GM, Dringen R, Robinson SR. (2009) O transportador putativo de heme HCP1 é expresso em astrócitos em cultura e contribui para a absorção de hemina. Glia 58: 55-65.

de Haro C, Mendez R, Santoyo J. (1996) The eIF-2alpha kinases and the control of protein synthesis. Faseb J 10: 1378-87.

De Matteis F, Marks GS. (1983) The effect of N-methylprotoporphyrin and succinyl-acetone on the regulation of heme biosynthesis in chicken hepatocytes in culture. FEBS Lett 159: 127-31.

DeBerardinis RJ, Thompson CB. (2012) Cellular metabolism and disease: what do metabolic outliers teach us? Cell 148: 1132-44.

Eng C, Kiuru M, Fernandez MJ, Aaltonen LA. (2003) A role for mitochondrial enzymes in inherited neoplasia and beyond. Nat Rev Cancer 3: 193-202.

Escobar M, Velez M, Belalcazar A, Santos ES, Raez LE. (2011) O papel da inibição do proteassoma no cancro do pulmão de células não pequenas. J Biomed Biotechnol 2011: 806506.

Faller M, Matsunaga M, Yin S, Loo JA, Guo F. (2007) Heme is involved in microRNA processing. Nat Struct Mol Biol 14: 23-9.

Frezza C, Zheng L, Folger O, Rajagopalan KN, MacKenzie ED, et al. (2011) A hemoxigenase é sinteticamente letal com o supressor de tumores fumarato hidratase. Nature 477. 225-8.

Frezza C, Zheng L, Tennant DA, Papkovsky DB, Hedley BA, et al. (2011) Metabolic profiling of hypox ic cells revealed a catabolic signature required for cell survival. PLoS One 6: e24411.

Griguer CE, Oliva CR, Gillespie GY. (2005) Heterogeneidade do metabolismo da glucose em linhas celulares de glioma maligno humano e de ratinho. J Neurooncol 74: 123-33.

Guppy M, Leedman P, Zu X, Russell V. (2002) Contribuição de diferentes combustíveis e vias metabólicas para a rotação total de ATP das células de cancro da mama MCF-7 em proliferação. Biochem J 364: 30915.

Herst PM, Berridge MV. (2007) Cell surface oxygen consumption: a major contributor to cellular oxygen consumption in glycolytic cancer cells lines. Biochim Biophys Ata 1767: 170-7.

Hitosugi T, Kang S, Vander Heiden MG, Chung TW, Elf S, et al. (2009) A fosforilação da tirosina inibe a PKM2 para promover o efeito Warburg e o crescimento tumoral. Sci Signal 2: ra73.

Jemal A, Siegel R, Xu J, Ward E. (2010) Estatísticas do cancro, 2010. CA Cancer J Clin 60: 277-300.

Jose C, Bellance N, Rossignol R. (2011) Escolher entre glicólise e fosforilação oxidativa: o dilema de um tumor? Biochim Biophys Ata 1807: 552-61.

Kaambre T, Chekulayev V, Shevchuk I, Karu-Varikmaa M, Timohhina N, et al. (2012) Análise do controlo metabólico da respiração celular in situ em amostras intra-operacionais de cancro da mama humano. J Bioenerg Biomembr 44: 539-58.

Khan AA, Quigley JG. (2011) Control of intracellular heme levels: heme transporters and heme oxygenases. Biochim Biophys Ata 1813: 668-82.

Labbe-Bois R, Labbe P. (1990) Tetrapirrol e biossíntese de heme na levedura Sacchromyces cerevisiae. In: Biosynthesis of heme and cholorophylls, HA Dailey, editores. Nova Iorque: Green Pub. Associates e Wiley-Interscience. pp. 235-85.

Latund e-Dada GO, Takeuchi K, Simpson RJ, McKie AT. (2006) Proteína transportadora de hémen 1 (HCP1): Expressão e estudos funcionais em células de cultura. FEBS Lett 580: 6865-70.

Liang CC, Park AY, Guan JL. (2007) Ensaio de raspagem in vitro: um método cómodo e pouco dispendioso para a análise da migração celular in vitro. Nat Protoc 2: 329-33.

Mense SM, Zhang L. (2006) Heme: a versatile signaling molecule controlling the activities of diverse regulators ranging from transcription factors to MAP kinases. Cell Res 16: 681-92.

Minami S. (1923) Respiração e glicólise. Biochem. Z. 142: 94-113.

Moreno-Sanchez R, Rodriguez-Enriquez S, Marin-Hernandez A, Saavedra E. (2007) Energy metabolism in tumor cells. Febs J 274: 1393-418.

Mountain CF. (2000) O sistema internacional de estadiamento do cancro do pulmão. Semin Surg Oncol 18: 10615.

Ogawa K, Sun J, Taketani S, Nakajima O, Nishitani C, et al. (2001) Heme medeia a desrepressão do elemento de reconhecimento Maf através da ligação direta ao repressor de transcrição Bach1. Embo J 20: 283543.

Organização WH. (2011) Cancro. Ficha informativa n.º 297. Organização Mundial de Saúde

Ortiz de Montellano PR. (2009) Hemes em Biologia. Em: Wiley Encyclopedia of Chemical Biology, editores. West Sussex: John Wiley & Sons, Ltd. pp. 240-9.

Padmanaban G, Venkateswar V, Rangarajan PN. (1989) Haem as a multifunctional regulator. Trends Biochem Sci 14: 492-6.

Papandreou I, Cairns RA, Fontana L, Lim AL, Denko NC. (2006) HIF-1 medeia a adaptação à hipoxia através da regulação negativa ativa do consumo de oxigénio mitocondrial. Cell Metab 3: 187-97.

Pejznochova M, Tesarova M, Hansikova H, Magner M, Honzik T, et al. (2010) Conteúdo de ADN mitocondrial e expressão de genes envolvidos na transcrição, regulação e manutenção do ADNmt durante o desenvolvimento fetal humano. Mitochondrion 10: 321-9.

Pejznochova M, Tesarova M, Honzik T, Hansikova H, Magner M, et al. (2008) The developmental changes in mitochondrial DNA content per cell in human cord blood leukocytes during gestation. Physiol Res 57: 947-55.

Rajagopal A, Rao AU, Amigo J, Tian M, Upadhyay SK, et al. (2008) Haem homeostasis is regulated by the conserved and concerted functions of HRG-1 proteins. Nature 453: 1127-31.

Ramirez RD, Sheridan S, Girard L, Sato M, Kim Y, et al. (2004) Imortalização de células epiteliais brônquicas humanas na ausência de oncoproteínas virais. Cancer Res 64: 9027-34.

Ryter SW, Tyrrell RM. (2000) As vias de síntese e degradação do heme: papel na sensibilidade aos oxidantes. A heme oxigenase tem propriedades pró- e antioxidantes. Free Radic Biol Med 28: 289-

309.

Sangodkar J, Katz S, Melville H, Narla G. (2010) Lung adenocarcinoma: lessons in translation from bench to bedside. Mt Sinai J Med 77: 597-605.

Sassa S. (2004) Porque é que o heme tem de ser degradado em ferro, biliverdina IXalfa e monóxido de carbono? Antioxid Redox Signal 6: 819-24.

Sengupta A, Hon T, Zhang L. (2005) A deficiência de Heme suprime a expressão de genes neuronais chave e provoca a morte de células neuronais. Brain Res Mol Brain Res 137: 23-30.

Shayeghi M, Latunde-Dada GO, Oakhill JS, Laftah AH, Takeuchi K, et al. (2005) Identification of an intestinal heme transporter. Célula 122: 789-801.

Shedlofsky SI, Sinclair PR, Bonkovsky HL, Healey JF, Swim AT, et al. (1987) Síntese de hemo a partir de 5-aminolaevulinato exógeno em hepatócitos de embrião de galinha em cultura. Efeitos dos indutores dos citocromos P-450. Biochem J 248: 229-36.

Sullivan LA, Carb on JG, Roland CL, Toombs JE, Nyquist-Andersen M, et al. (2010) r84, um novo anticorpo terapêutico contra o VEGF humano e do rato com uma potente atividade antitumoral e uma indução de toxicidade limitada. PLoS One 5: e12031.

Trent JT, 3º, Hargrove MS. (2002) Uma hemoglobina hexacoordenada humana expressa de forma ubíqua. J Biol Chem 277: 19538-45.

Vander Heiden MG, Locasale JW, Swanson KD, Sharfi H, Heffron GJ, et al. (2010) Evidence for an alternative glycolytic pathway in rapidly proliferating cells. Science 329: 1492-9.

Wallace KB, Starkov AA. (2000) Mitochondrial targets of drug toxicity. Annu Rev Pharmacol Toxicol 40: 353-88.

Warburg O. (1930) The Metabolism of Tumours. Londres: Constable & Co.

Whitaker-Menezes D, Martinez-Outschoorn UE, Flomenberg N, Birbe RC, Witkiewicz AK, Howell A, et al. (2011) Hiperactivação do metabolismo oxidativo mitocondrial em células cancerígenas epiteliais in situ: visualização dos efeitos terapêuticos da metformina no tecido tumoral. Ciclo celular 10: 4047-64.

Whitehurst AW, Bodemann BO, Cardenas J, Ferguson D, Girard L, et al. (2007) Synthetic lethal screen identification of chemosensitizer loci in cancer cells. Nature 446: 815-9.

Yao X, Balamurugan P, Arvey A, Leslie C, Zhang L. (2010) Heme controls the regulation of protein tyrosine kinases Jak2 and Src. Biochem Biophys Res Commun 403: 30-5.

Ye W, Zhang L. (2004) Heme controls the expression of cell cycle regulators and cell growth in HeLa cells. Biochem Biophys Res Commun 315: 546-54.

Yin L, Wu N, Curtin JC, Qatanani M, Szwergold NR, et al. (2007) Rev-erbalpha, um sensor heme que coordena as vias metabólicas e circadianas. Science 318: 1786-9.

Zhang L, Sessoms R. (2011) Heme biosynthesis and degradation: O que é que acontece quando tudo corre mal? In: HEME BIOLOGY: The Secret Life of Heme in Regulating Diverse Biological Processes, L Zhang, editores. Singapura: World Scientific Publishing Company pp.

Zhang L. (2011) HEME BIOLOGY: The Secret Life of Heme in Regulating Diverse Biological Processes [BIOLOGIA DO HEME: A vida secreta do heme na regulação de diversos processos biológicos]. Singapura: World Scientific Publishing Company

Zhu Y, Hon T, Ye W, Zhang L. (2002) A deficiência de heme interfere com a via de sinalização da proteína quinase activada por mitogénio Ras e com a expressão de um subconjunto de genes neuronais. Cell Growth Differ 13: 431-9.

CAPÍTULO 3

OS HOMÓLOGOS DE SWI3 BAF155 E BAF170 REGULAM A RESPIRAÇÃO AERÓBICA EM CÉLULAS CANCERÍGENAS

Autores - Jagmohan Hooda e Li Zhang

Departamento de Biologia Molecular e Celular

Centro de Biologia de Sistemas

A Universidade do Texas em Dallas

800 West Campbell Rd.

Richardson, Texas 75080

* Os resultados são publicados na revista Bioscience Reports, 2016 (Acesso livre) 00 / art:e00000. doi 10.1042/BSR20160083

AGRADECIMENTOS

O trabalho de investigação efectuado para este capítulo foi apoiado pelos fundos Cecil H. e Ida Green concedidos ao Dr. Li Zhang.

RESUMO

Os homólogos humanos de Swi3, BAF155 e BAF170, são conhecidos supressores de tumores. Estudos anteriores mostraram que são componentes essenciais do complexo de remodelação da cromatina SWI/SNF. É importante salientar que as evidências emergentes sugerem fortemente que Swi3 e os seus homólogos humanos podem atuar independentemente do complexo de remodelação SWI/SNF, e funcionam como um regulador global da expressão genética da respiração aeróbica e do consumo de oxigénio. Um estudo anterior do nosso laboratório mostrou que a localização nuclear de Swi3, mas não a localização nuclear de Swi2, requer oxigénio. Além disso, descobrimos que as células cancerígenas apresentam níveis elevados de consumo de oxigénio em comparação com as células normais. Para verificar se o BAF155 e o BAF170 têm impacto na respiração aeróbica, gerei clones de células HeLa com BAF155 e BAF170 eliminados, e d medi a taxa de consumo de oxigénio. Verifiquei que, nas células com knockdown de BAF155 e BAF170, os níveis de consumo de oxigénio aumentaram. Isto mostra que a inibição da função dos homólogos de Swi3 BAF155 e BAF170 conduziria a um aumento da respiração aeróbica e da produção de energia celular. Estes resultados revelam uma nova função dos homólogos de Swi3 e fornecem uma nova base molecular para a função supressora de tumores de BAF155 e BAF170.

INTRODUÇÃO

A respiração aeróbica constitui uma importante fonte de fornecimento de energia celular para vários organismos, desde as leveduras até aos seres humanos (Henke et al. 2011). Nos seres humanos, a falta de oxigénio pode provocar lesões cerebrais em alguns minutos e pode levar à morte em mais de 5 minutos. Dados experimentais recentes sugerem que a respiração mitocondrial é uma fonte importante para a maior parte do fornecimento de energia em vários cancros humanos (Bonuccelli et al.;

Whitaker-Menezes et al. 2011). Mesmo em condições de hipoxia, as células cancerosas podem manter níveis substanciais de fosforilação oxidativa (Frezza et al. 2011). Além disso, um trabalho recente do nosso laboratório mostra que as células cancerosas têm níveis mais elevados de consumo de oxigénio do que as células normais (Hooda et al. 2013). Além disso, também foi demonstrado que a fosforilação oxidativa está aumentada nas células do cancro da mama (Bonuccelli et al. 2010). Apesar da boa caraterização da maquinaria mitocondrial e da implicação da respiração mitocondrial na saúde e nas doenças humanas, o mecanismo de regulação global da respiração mitocondrial para satisfazer as diversas necessidades das células permanece em grande parte desconhecido.

O trabalho realizado em leveduras no nosso laboratório sugere que Swi3, um componente do complexo SWI/SNF, é um novo regulador global dos genes da respiração e do metabolismo do oxigénio. Além disso, os nossos dados de imagem de células vivas em levedura mostraram que o oxigénio é necessário para a localização nuclear de Swi3, mas não para Swi2 (Henke et al. 2011). Outro estudo independente de variação da sequência genética no contexto da regulação da transcrição em levedura identificou Swi3 como um regulador dominante no controlo de genes de fosforilação oxidativa (Gat-Viks et al. 2010). Adicionalmente, estudos demonstraram que a inibição da fosforilação oxidativa pode parar a função em células cancerígenas (Griguer et al. 2005; Hooda et al. 2013). Os homólogos de Swi3 BAF155 e BAF170 são supressores tumorais conhecidos, e as mutações no complexo SWI/SNF estão associadas a vários cancros e doenças neurológicas (DelBove et al. 2011; Shain e Pollack 2013). Portanto, BAF155 e BAF170 podem desempenhar um papel importante na regulação do oxigénio e na função das células cancerígenas. O objetivo deste projeto é compreender até que ponto BAF155 e BAF170 regulam a respiração aeróbica em células cancerígenas. Para testar esta hipótese, criei clones de células HeLa knockdown BAF155 e BAF170 e medi as suas taxas de consumo de oxigénio.

MATERIAIS E MÉTODOS

Linhas celulares, knockdown e reagentes

As células HeLa foram mantidas em DMEM com 10% de FBS sob 5% de CO^2 a 37°C. Para reduzir o BAF155 e o BAF170 nas células HeLa, foram selecionadas sequências-alvo utilizando o programa de cálculo fornecido pela Sigma-Aldrich. Em seguida, os vectores de expressão shRNA pLKO.l-puro e as correspondentes partículas de transdução Mission Lentiviral foram fabricados à medida pela Sigma-Aldrich. Foram também utilizadas as partículas de controlo recomendadas pelo fornecedor. As células HeLa foram transduzidas com as partículas virais e os clones resistentes à puromicina foram selecionados seguindo os procedimentos do fornecedor. Foram selecionados três clones knockdown para BAF155 (629-1, 629-3, 630-2) e BAF170 (701-2, 701-3, 701-4), respetivamente. Todos os reagentes de cultura de células foram adquiridos à Invitrogen. A puromicina foi adquirida à Sigma. Os clones foram confirmados por western blotting.

Preparação de extractos de proteínas e Western Blotting

As células HeLa foram recolhidas e lisadas utilizando o tampão RIPA (Cell Signaling Technology) contendo o cocktail de inibidores de proteases. As concentrações de proteínas foram determinadas utilizando o kit de ensaio BCA (Thermo Scientific). Cinquenta microgramas de proteínas foram electroforizados em géis de poliacrilamida-SDS a 9% e depois transferidos para a membrana Immuno-Blot PVDF (Bio-Rad). As membranas foram sondadas com anticorpos policlonais, seguindo-se a deteção com um kit de western blotting por quimioluminescência (Roche Diagnostics). Os sinais foram detectados utilizando uma estação de imagem Carestream 4000MM Pro. Os anticorpos policlonais anti-BAF155 (sc-10756) e anti-BAF170 (sc-10757) foram adquiridos à Santa Cruz Bio technology. O anticorpo monoclonal anti β actina (4967) foi adquirido à Cell Signaling Technology.

Medição da taxa de consumo de oxigénio

O consumo de oxigénio foi medido, conforme descrito anteriormente (Papandreou et al. 2006). Resumidamente, as células com cerca de 80% de confluência foram tripsinizadas e ressuspendidas em meio fresco e saturado de ar. Para cada medição, foram introduzidas 10^6 células (em 350 μl) na câmara de um sistema Oxygraph (Hansatech Instruments), com um elétrodo do tipo Clark colocado no fundo da câmara respiratória. Durante as medições, a câmara foi termostática a 37°C por um banho de água circulante. Foi utilizada uma barra de agitação electromagnética para misturar o conteúdo da câmara.

RESULTADOS

A redução por RNAi das proteínas BAF mostra que BAF155 e BAF170 regulam o consumo de oxigénio em células HeLa

A redução de BAF155 e BAF170 foi efectuada em células HeLa utilizando partículas lentivirais com o shRNA que visa BAF155 ou BAF170 ou um alvo não mamífero como controlo. Foram selecionados clones resistentes à puromicina e a redução foi confirmada por western blotting, como se mostra na Figura 3.1A. Para examinar o efeito de BAF155 e BAF170 no consumo de oxigénio em células HeLa, foram selecionados clones estáveis de supressão que expressavam os shRNAs alvo e apresentavam níveis reduzidos de BAF155 ou BAF170 (Figura 3.1A). Nesses clones, as taxas de consumo de oxigénio aumentaram significativamente, em comparação com as das células de controlo (Figura 3B). Estes resultados mostram que tanto o BAF155 como o BAF170, actuando de forma independente ou cooperativa, modulam o consumo de oxigénio.

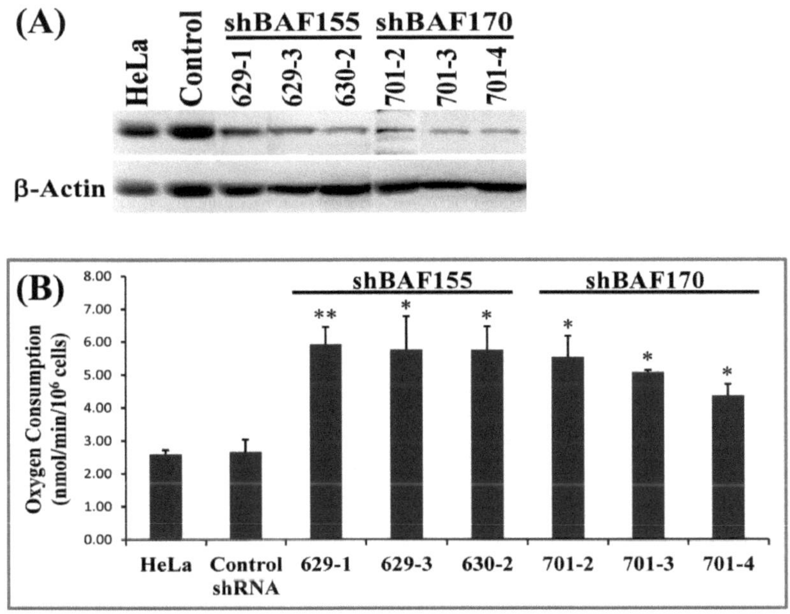

Figura 3.1. O efeito do bloqueio de BAF155 e BAF170 na taxa de consumo de oxigénio em células HeLa. (A) Western blot mostrando os níveis reduzidos de BAF155 e BAF170 em clones de células HeLa. (B) As taxas de consumo de oxigénio em clones de HeLa com redução de BAF155 ou BAF170. Para análise estatística, os níveis nos clones de HeLa com knockdown foram comparados com os níveis no clone de controlo, utilizando o teste t de Welch de 2 amostras. *, valor de $p < 0,05$; **, valor de $p < 0,005$ ($n \geq 3$).

DISCUSSÃO

Estudos anteriores centraram-se principalmente no papel de Swi3 e homólogos humanos no complexo de remodelação SWI/SNF, no entanto, o seu papel na regulação do oxigénio não está bem estudado (Smith et al. 2003; Dechassa et al. 2008). As subunidades BAF155 e BAF170 do complexo SWI/SNF são supressores tumorais conhecidos e as mutações SWI/SNF estão generalizadas nos cancros humanos (DelBove et al. 2011; Shain e Pollack 2013). Um estudo recente do nosso laboratório mostra que as células cancerosas têm níveis de consumo de oxigénio mais elevados do que as células normais. Além disso, estudos realizados em leveduras no nosso laboratório mostraram que a localização nuclear de Swi3 é controlada pelo oxigénio (Dastidar et al. 2012; Hooda et al. 2013). Estes estudos indicam uma ligação plausível entre os homólogos de Swi3 e a regulação da respiração aeróbica no cancro. Aqui, eu verifiquei ainda mais o papel de BAF155 e BAF170 na respiração aeróbica em células de mamíferos, usando os clones de células HeLa BAF155 ou BAF170 knockdown. Os clones com supressão de BAF155 ou BAF170 apresentam níveis elevados de consumo de oxigénio em comparação com as células de controlo (shRNA não visado) ou HeLa (Figura 3.1B). Isto sugere que BAF155 ou BAF170 estão envolvidos na regulação da respiração aeróbica em células de mamíferos. Estes resultados lançam luz sobre um novo mecanismo através do qual BAF155 e BAF170 actuam como supressores de tumores em células cancerígenas.

REFERÊNCIAS

Bonuccelli, G., et al. (2010). "As cetonas e o lactato "alimentam" o crescimento tumoral e as metástases: Evidências de que as células cancerosas epiteliais utilizam o metabolismo mitocondrial oxidativo". Cell Cycle 9(17): 3506-3514.

Dastidar, R. G., et al. (2012). "A localização nuclear das proteínas SWI / SNF está sujeita à regulação do oxigênio." Cell Biosci 2(1): 30.

Dechassa, M. L., et al. (2008). "Arquitetura do complexo SWI/SNF-nucleossoma". Mol Cell Biol 28(19): 6010-6021.

DelBove, J., et al. (2011). "Identificação de um membro central do complexo SWI / SNF, BAF155 / SMARCC1, como um gene supressor de tumor humano." Epigenetics 6(12): 1444-1453.

Frezza, C., et al. (2011). "O perfil metabólico de células hipóxicas revelou uma assinatura catabólica necessária para a sobrevivência celular." PLoS One 6(9): e24411.

Gat-Viks, I., et al. (2010). "Compreender a variação da sequência genética no contexto da regulação da transcrição na levedura". PLoS Genet 6(1): e1000800.

Griguer, C. E., et al. (2005). "Heterogeneidade do metabolismo da glicose em linhas celulares de glioma maligno humano e de rato". J Neurooncol 74(2): 123-133.

Henke, R. M., et al. (2011). "A hipóxia provoca mudanças amplas e sistemáticas na localização subcelular de proteínas". Am J Physiol Cell Physiol 301(4): C913-928.

Hooda, J., et al. (2013). "A função heme aprimorada e a respiração mitocondrial promovem a progressão das células de câncer de pulmão". PLoS One 8(5): e63402.

Papandreou, I., et al. (2006). "O HIF-1 medeia a adaptação à hipoxia através da regulação negativa ativa do consumo de oxigénio mitocondrial". Cell Metab 3(3): 187-197.

Shain, A. H. e J. R. Pollack (2013). "O espetro de mutações SWI / SNF, onipresentes em cânceres humanos." PLoS One 8(1): e55119.

Smith, C. L., et al. (2003). "Análise estrutural do complexo de remodelação da cromatina SWI/SNF da levedura". Nat Struct Biol 10(2): 141-145.

Whitaker-Menezes, D., et al. (2011). "Hiperactivação do metabolismo mitocondrial oxidativo em células cancerígenas epiteliais in situ: visualização dos efeitos terapêuticos da metformina no tecido tumoral". Cell Cycle 10(23): 4047-4064.

CAPÍTULO 4

RESUMO

DISCUSSÃO

Na maioria das células eucarióticas, a respiração aeróbica é uma fonte importante para a produção de energia celular e para a síntese de moléculas importantes (Henke et al. 2011; Dastidar et al. 2012). A fosforilação oxidativa/respiração mitocondrial gera 18 vezes mais ATP do que a glicólise. Por conseguinte, é convincente que a respiração aeróbica possa regular a bioenergética celular em muitas células eucarióticas, especialmente em células com uma elevada procura de fornecimento de energia, como as células cancerígenas. Verificou-se que a desregulação da respiração está associada a uma série de doenças humanas, incluindo cancro, diabetes e doenças neurológicas (Tseng et al. 2010; Hooda et al. 2013; Ronan et al. 2013). Estudos recentes demonstraram que a fosforilação oxidativa é uma importante fonte de fornecimento de energia em várias células cancerígenas humanas (Bonuccelli et al. 2010; Whitaker-Menezes et al. 2011; Hooda et al. 2013). Além disso, um estudo independente demonstrou que a respiração mitocondrial é amplificada em células de cancro da mama humano (Bonuccelli et al. 2010). Além disso, dados do nosso laboratório mostram que as células cancerígenas têm níveis intensificados de consumo de oxigénio em comparação com as células normais (Hooda et al. 2013). Por conseguinte, compreender a regulação da respiração aeróbica nas células cancerígenas pode constituir um novo alvo terapêutico. Estudos independentes e resultados do nosso laboratório indicam que a proteína Swi3 do complexo SWI/SNF da levedura e os homólogos humanos BAF155 e BAF170 podem desempenhar um papel na regulação da respiração aeróbica (Gat-Viks et al. 2010; Dastidar et al. 2012). SWI/SNF é um complexo de remodelação da cromatina, contendo 11-12 polipeptídeos que têm uma massa molecular aparente de 1,14 MDa em levedura e cerca de 2 MDa em mamíferos (Wang et al. 1996; Smith et al. 2003). Swi3 e seus homólogos humanos BAF155 e BAF170 são subunidades essenciais do complexo SWI/SNF, e são conhecidos genes supressores de tumor (DelBove et al. 2011). Adicionalmente, as mutações no complexo SWI/SNF são comuns em cancros humanos (Shain e Pollack 2013). Os resultados desta dissertação identificaram outro mecanismo pelo qual BAF155 e BAF170 podem atuar como supressores tumorais. Ao fazer knockdown de BAF155 e BAF170 em células HeLa, descobri que os clones de knockdown de BAF155 e BAF170 têm níveis aumentados de consumo de oxigénio em comparação com as células de controlo. Isto sugere que BAF155 e BAF170 desempenham um papel importante na regulação da respiração aeróbica em células cancerígenas.

Praticamente em todos os organismos vivos, o heme desempenha um papel central na deteção e utilização do oxigénio. O heme é um complexo de ferro ferroso e protoporfirina IX e a sua estrutura única permite-lhe funcionar como transportador de gases diatómicos e de electrões (Furuyama et al. 2007; Zhang 2011a; Hamza e Dailey 2012). O heme actua como dador de electrões nas reacções redox realizadas pelas enzimas do citocromo P450 e como transportador de electrões nos citocromos durante a respiração (Chance 1972; Guengerich e MacDonald 1990). Na levedura, o heme medeia diretamente o efeito do oxigénio na transcrição de genes através da proteína activadora do heme Hap1 (Hon et al. 2001; Zhu et al. 2002). Enquanto que, em células de mamíferos, um aumento na concentração de heme inativa o regulador transcricional Bach1 e, assim, permite a ativação de genes, como os genes α- e β-globina e os genes da heme oxigenase, que de outra forma são reprimidos por Bach1 (Zhang 2011b). O heme regula diretamente vários processos na utilização e deteção de oxigénio e desempenha um papel na modulação da transcrição, tradução e biogénese de micro-RNA (Zhang 2011a). O heme é importante para a produção de energia celular por respiração, transporte e armazenamento de oxigénio, para a síntese e degradação de esteróides e compostos relacionados, para a desintoxicação de xenobióticos e para o controlo de danos oxidativos (Hon et al. 2001; Zhu et al. 2002; Zhu et al. 2002). Nos mamíferos, o heme desempenha um papel crítico em processos importantes, incluindo a biogénese das células eritróides, a ritmicidade circadiana, o desenvolvimento pancreático e o funcionamento adequado das células neuronais (Zhu et al. 2002; Zhang 2011b). Nos seres humanos, a deficiência de heme pode causar doenças graves, como anemia, porfirias e doença de Alzheimer (Simon e Herkes 2011, Tatyana e Andrew

2011). Por outro lado, estudos epidemiológicos e moleculares mostram que uma ingestão elevada de heme está associada a um risco acrescido de vários tipos de cancro, incluindo o cancro do pulmão, o cancro do pâncreas e o cancro colorrectal (Cross et al. 2007; Kabat et al. 2008; Cross et al. 2011; Cross et al. 2012).

Utilizando um par de linhas de células pulmonares que representam células normais não malignas HBEC30KT e células de cancro do pulmão de células não pequenas (NSCLC) HCC4017 desenvolvidas a partir do mesmo doente, o trabalho desta dissertação identificou as alterações metabólicas associadas à transformação de células normais em células cancerígenas. Verificámos que as taxas de consumo de oxigénio e de síntese de heme se intensificam significativamente nas células cancerosas do pulmão em comparação com as células normais. Além disso, os níveis da enzima limitadora da taxa da via de síntese do heme (ALAS1) estão aumentados nas células cancerosas. Além disso, os níveis das proteínas de captação de heme (HCP1 e HRG-1) e das hemoproteínas utilizadoras de oxigénio (Citocromo c, CYP1B1, Citoglobina e Cox-2) estão dramaticamente aumentados nas células cancerígenas e nos tumores xenoenxertados humanos. Curiosamente, descobrimos que a inibição da síntese de heme ou da função mitocondrial suprime preferencialmente a proliferação de células cancerígenas, a formação de colónias e a migração celular. A inibição da síntese de heme também resulta numa diminuição dos níveis de consumo de oxigénio nas células cancerígenas. Estes resultados demonstram que a disponibilidade de heme está significativamente aumentada nas células cancerosas e nos tumores, o que, por sua vez, leva a uma produção elevada de hemoproteínas, resultando num consumo intensificado de oxigénio e na produção de energia celular para alimentar a progressão das células cancerosas. A Figura 4.1 mostra um resumo da elevada procura de heme nas células cancerosas, em comparação com as células normais.

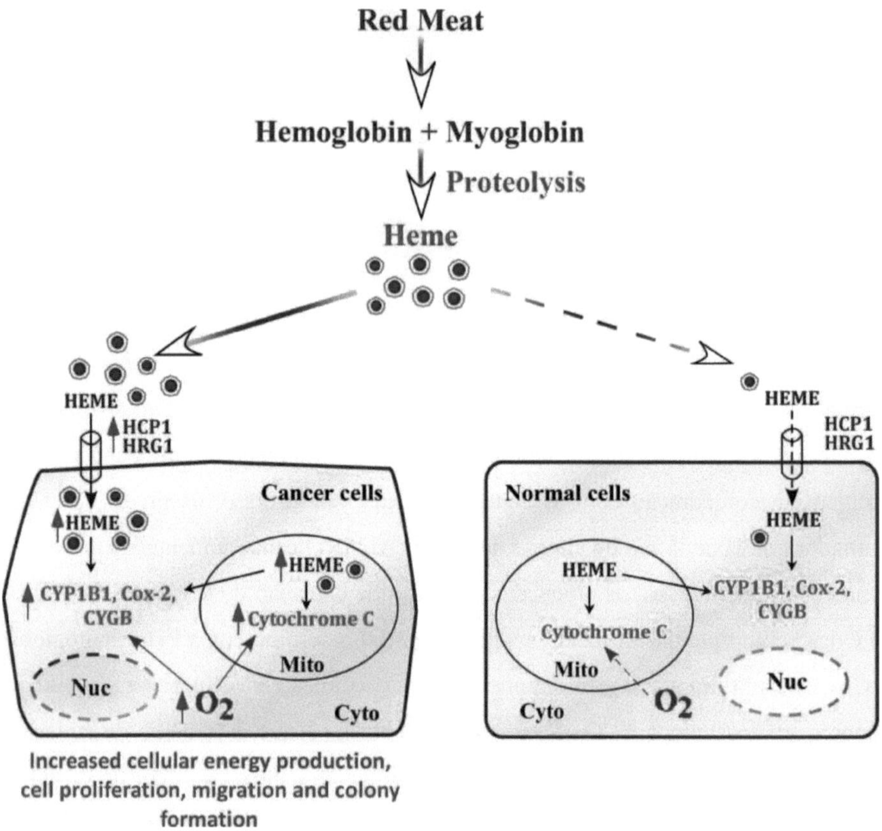

Figura 4.1. Um desenho animado que ilustra um mecanismo putativo através do qual o heme alimenta a progressão das células cancerígenas (adaptado de Hooda et al., 2014). O heme do sangue pode ser absorvido pelas células através dos transportadores de heme HCP1 e HRG-1. As células cancerosas intensificaram a síntese interna de heme, bem como o aumento da captação de heme através dos transportadores de heme, cuja expressão é dramaticamente elevada nas células cancerosas, em comparação com as células normais. Consequentemente, os níveis de uma série de hemoproteínas que envolvem o transporte e a utilização de oxigénio, como a citoglobina e o citocromo c, estão fortemente aumentados. Os níveis aumentados de hemoproteínas levam a um consumo intensificado de oxigénio e à produção de energia celular, que por sua vez alimentam a proliferação e migração das células cancerígenas. HCP1, proteína transportadora de heme 1; HRG-1, gene responsivo ao heme-1; CYP1B1, citocromo P450, família 1, subfamília B, polipeptídeo 1; Cox-2, ciclooxigenase-2; CYGB, citoglobina; Nuc, núcleo; Mito, mitocôndria; Cyto, citoplasma.

CONCLUSÃO

Em conclusão, o meu projeto de dissertação revelou que o heme desempenha um papel fundamental na progressão do cancro do pulmão. O aumento da disponibilidade de heme nas células cancerosas leva à intensificação dos níveis de hemoproteínas, resultando num maior consumo de oxigénio e na produção de energia celular, o que alimenta a progressão das células cancerosas. Curiosamente, a restrição da disponibilidade de heme nas células cancerosas reduz a sua proliferação, formação de colónias, migração e consumo de oxigénio. O meu projeto de dissertação também revelou um novo mecanismo através do qual BAF155 e BAF170 podem atuar como supressores de tumores. Verifiquei que a taxa de consumo de oxigénio aumentava nos clones de células HeLa com BAF155 e BAF170 knockdown em comparação com os clones de controlo, o que indica que BAF155 e BAF170 desempenham um papel importante na regulação da respiração aeróbica nas células cancerígenas.

REFERÊNCIAS

Bonuccelli, G., et al. (2010). "As cetonas e o lactato "alimentam" o crescimento tumoral e as metástases: Evidence that epithelial cancer cells use oxidative mitochondrial metabolism." Cel l Cycle 9(17): 3506-3514.

Chance, B. (1972). "A natureza das reacções de transferência de electrões e de acoplamento de energia". FEBS Lett 23(1): 3-20.

Cross, A. J., et al. (2011). "Consumo de carne e risco de câncer de esôfago e gástrico em um grande estudo prospetivo." Am J Gastroenterol 106(3): 432-442.

Cross, A. J., et al. (2012). "Desenvolvimento de uma base de dados de ferro heme para carnes de acordo com o tipo de carne, método de cozedura e nível de cozedura." Food Nutr Sci 3(7): 905-913.

Cross, A. J., et al. (2007). "Um estudo prospetivo da ingestão de carne vermelha e processada em relação ao risco de cancro". PLoS Med 4(12): e325.

Dastidar, R. G., et al. (2012). "A localização nuclear das proteínas SWI / SNF está sujeita à regulação do oxigênio." Cell Biosci 2(1): 30.

DelBove, J., et al. (2011). "Identificação de um membro central do complexo SWI / SNF, BAF155 / SMARCC1, como um gene supressor de tumor humano." Epigenetics 6(12): 1444-1453.

Furuyama, K., et al. (2007). "Heme como uma molécula magnífica com múltiplas missões: heme determina seu próprio destino e governa a homeostase celular." Tohoku J Exp Med 213(1): 1-16.

Gat-Viks, I., et al. (2010). "Compreender a variação da sequência genética no contexto da regulação da transcrição na levedura". PLoS Genet 6(1): e1000800.

Guengerich, F. P. e T. L. MacDonald (1990). "Mecanismos de catálise do citocromo P-450". Faseb J 4(8): 2453-2459.

Hamza, I. e H. A. Dailey (2012). "Um anel para governar todos eles: tráfico de intermediários de síntese de heme e heme nos metazoários". Biochim Biophys Ata 1823(9): 1617-1632.

Henke, R. M., et al. (2011). "A hipóxia provoca mudanças amplas e sistemáticas na localização subcelular de proteínas". Am J Physiol Cell Physiol 301(4): C913-928.

Hon, T., et al. (2001). "A chaperona molecular Hsp70-Ydj1 reprime a atividade da proteína activadora do heme Hap1 na ausência de heme". Mol Cell Biol 21(23): 7923-7932.

Hooda, J., et al. (2013). "A função heme aprimorada e a respiração mitocondrial promovem a progressão das células de câncer de pulmão". PLoS One 8(5): e63402.

Kabat, G. C., et al. (2008). "Ingestão de ferro dietético e ferro hemático e risco de cancro do endométrio: um estudo de coorte prospetivo." Br J Cancer 98(1): 194-198.

Ronan, J. L., et al. (2013). "Do desenvolvimento neural à cognição: papéis inesperados para a cromatina." Nat Rev Genet 14(5): 347-359.

Sham, A. H. e J. R. Pollack (2013). "O espetro de mutações SWI / SNF, onipresentes em cânceres humanos." PLoS One 8(1): e55119.

Simon, N. G. e G. K. Herkes (2011). "As manifestações neurológicas das porfirias agudas". J Clin Neurosci 18(9): 1147-1153.

Smith, C. L., et al. (2003). "Análise estrutural do complexo de remodelação da cromatina SWI/SNF da levedura". Nat Struct Biol 10(2): 141-145.

Tatyana, C. e G. S. Andrew (2011). O PAPEL DO HEME NAS FUNÇÕES CEREBRAIS: Dr. Jekyll ou Mr. Hyde? Biologia do Heme: 85-126.

Tseng, Y. H., et al. (2010). "A bioenergética celular como um alvo para a terapia da obesidade". Nat Rev Drug Discov 9(6): 465-482.

Wang, W., et al. (1996). "Diversidade e especialização dos complexos SWI/SNF de mamíferos". Genes Dev 10(17): 2117-2130.

Whitaker-Menezes, D., et al. (2011). "Hiperactivação do metabolismo mitocondrial oxidativo em células cancerígenas epiteliais in situ: visualização dos efeitos terapêuticos da metformina no tecido tumoral". Cell Cycle 10(23): 4047-4064.

Zhang, L. (2011a). "HEME BIOLOGY: The Secret Life of Heme in Regulating Diverse Biological Processes" [BIOLOGIA DO HEME: A vida secreta do heme na regulação de diversos processos biológicos]. Singapura: World Scientific Publishing Company.

Zhang, L. (2011b). HEME: An Ingenious Regulator of Gene Transcription. Biologia do Heme: 33-54.

Zhu, Y., et al. (2002). "A deficiência de heme interfere com a via de sinalização da proteína quinase activada por mitogénio Ras e com a expressão de um subconjunto de genes neuronais." Cell Growth Differ 13(9): 431439.

Zhu, Y., et al. (2002). "An examination of heme action in gene expression: heme and heme deficiency affect the expression of diverse genes in erythroid k562 and neuronal PC12 cells." DNA Cell Biol 21(4): 333-346.

MIX
Papier aus verantwortungsvollen Quellen
Paper from responsible sources
FSC® C105338

Printed by Books on Demand GmbH, Norderstedt / Germany